人體學校

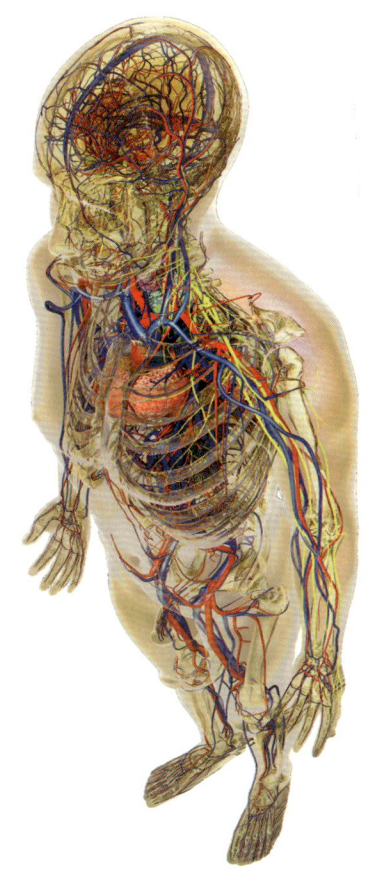

人人出版

前言

大家好。
我是「小紅豬」。

大家對自己的身體了解多少呢?

許多人可能只停留在模糊的常識階段,例如認為肺是「呼吸的地方」、心臟是「輸送血液的器官」等等。

但舉例來說,當我們進食時,會先咀嚼食物再吞嚥下肚對吧?

小紅豬

事實上,這個看似平凡的「吞嚥」動作,涉及了25種以上的肌肉運作。

現在就讓我們一起探索這個充滿驚奇的人體吧。如果你因為讀了本書而成為醫生,請務必告訴我們喔!

2025年1月
小紅豬

小藍兔

目次

前言 ... 2
本書的特色 ... 8
角色介紹 ... 9

人體繪畫館

人體上半身正面圖 ... 10
人體上半身背面圖 ... 12
人體腹部及腰部圖 ... 14
人體腰部以下圖 ... 16
人體全身骨骼與神經圖 ... 18

第1節課　骨骼、肌肉、皮膚

01　人體約由200塊骨頭組成！... 20
02　保護重要部位的結實骨頭 ... 22
03　每年約有5分之1的骨骼會更新！... 24
04　脊髓與大腦一樣扮演著重要角色 ... 26
05　如果沒有神經，身體就無法協調？... 28
　下課時間　為什麼我們能用兩條腿走路呢？... 30
06　肌肉附著在骨骼上，形成身體的動作 ... 32
07　有3種不同功能的肌肉 ... 34
08　在一個動作中做出相反運動的肌肉 ... 36
　下課時間　體格健美的牛 ... 38
09　成人的皮膚面積有整張榻榻米那麼大？！... 40
10　臉的顏色是由皮膚表面的微血管形成的 ... 42

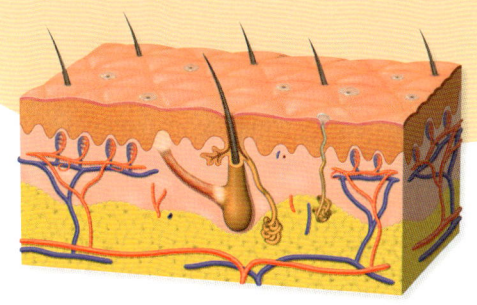

11 「雞皮疙瘩」是為了保護身體免受寒冷 ... 44
12 保持體溫恆定是保護生命的重要手段 ... 46
13 指甲是皮膚的一部分硬化形成的 ... 48
14 毛髮和指甲同樣是皮膚的夥伴 ... 50
15 雖然不顯眼，但指紋是有用的！ ... 52

下課時間 為什麼大腦和胃不會發癢？... 54

第 2 節課 血液的流動、呼吸、免疫

01 人體內的血管總長度可繞地球2圈半 ... 56
02 血液循環中通往全身的動脈與返回心臟的靜脈 ... 58
03 在血液中發揮作用的明星 ... 60
04 紅血球、白血球和血小板都是由造血幹細胞製造的 ... 62
05 在肺部大顯身手的「葡萄串」 ... 64
06 肺部本身無法吸入空氣 ... 66
07 血液在一分鐘內循環全身 ... 68
08 「撲通」是瓣膜開闔時發出的聲音 ... 70
09 免疫系統是保護身體的守衛隊！ ... 72
10 免疫細胞透過團隊合作與異物作戰 ... 74
11 免疫細胞在淋巴結中等待病原體的到來 ... 76
12 花粉症與免疫細胞有關係？！ ... 78

下課時間 病毒和細菌是不同的東西嗎？... 80

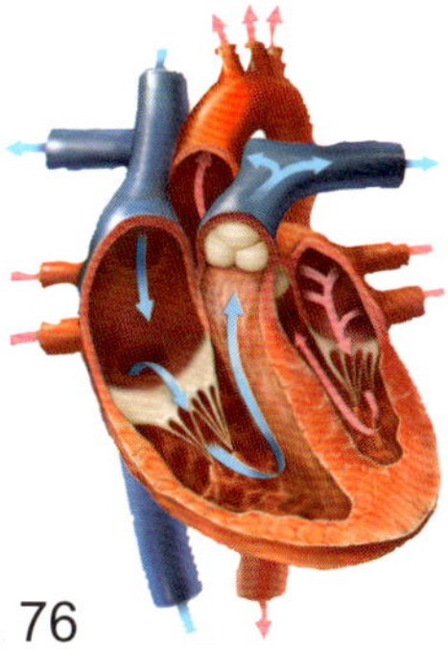

5

第 3 節課　食物的通道

- **01** 食物如果不弄碎，人體就無法吸收養分 ... 82
- **02** 唾液的分泌量會因味道大幅改變 ... 84
- **03** 食物透過類似「添水」的運作模式被送入喉嚨深處 ... 86
- **04** 即使倒立，食道也會將食物送入胃中 ... 88
- **05** 胃液是能將食物變黏稠的強力消化液 ... 90
- **06** 十二指腸會分泌出兩種消化液 ... 92
- **下課時間** 胰臟中有重要的「島」... 94
- **07** 小腸展開後可達6～7公尺長 ... 96
- **08** 小腸內壁的表面積相當於一座網球場 ... 98
- **09** 人體吸收的養分會送到哪裡？...100
- **10** 大腸的功能不單只是製造糞便！...102
- **11** 我們的腹部飼養著1.5公斤的細菌 ... 104
- **12** 米飯和麵包在我們體內會經歷什麼樣的旅程？...106
- **13** 當我們吃肉或蛋、攝取油或奶油時會發生什麼事？... 108
- **下課時間** 胃會被溶解嗎？...110

第 4 節課　腦是人體的司令塔

- **01** 腦雖然很小，卻消耗大量能量 ... 112
- **02** 大腦皮質上的皺褶是硬塞造成的 ... 114
- **03** 人類為什麼能夠進行語言交流？... 118
- **04** 腦暗中維持身體環境的穩定 ... 120
- **05** 自律神經有時也會失去平衡 ... 122
- **06** 與自律神經合作的激素 ... 124
- **07** 腦讓我們能有「另一個胃」享用甜點 ... 126
- **08** 腦袋越大、越重的人越聰明嗎？... 128
- **下課時間** 頭痛是如何發生的？... 130

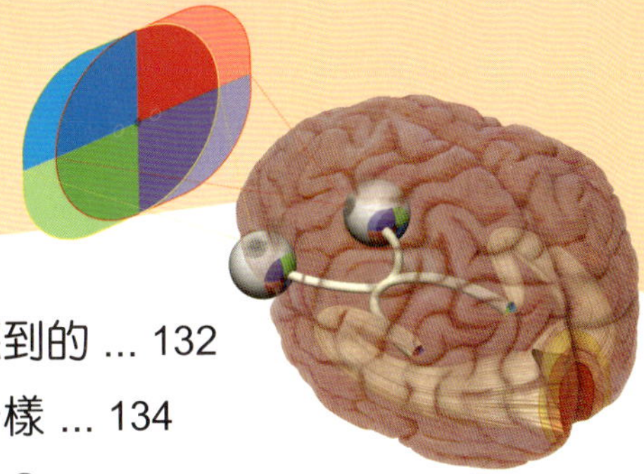

第 5 節課　感覺器官

- 01　我們是透過大腦看見和聽到的 ... 132
- 02　眼睛構造就像數位相機一樣 ... 134
- 03　「紅蘋果」是否真的存在？ ... 136
- 04　在視網膜上形成的影像會上下左右顛倒 ... 138
- 05　聲音的本質是空氣的波動 ... 140
- 06　耳朵接收的不單只是聲音！ ... 142
- 07　人類能夠分辨數十萬種氣味 ... 144
- 08　感知氣味的受體大約有400種 ... 146
- 09　我們的舌頭能在瞬間判斷是「營養」還是「毒素」 ... 148
- 10　大腦結合各種訊息形成味覺 ... 150
- 11　疼痛和觸感也是由大腦形成的嗎？ ... 152

下課時間　腦裡面有人存在嗎？ ... 154

第 6 節課　男性的身體與女性的身體

- 01　腎臟過濾血液中不需要的物質製造尿液 ... 156
- 02　膀胱儲存的尿液約為500毫升 ... 158
- 03　男性幾乎每天製造出1億個精子 ... 160
- 04　卵子可受精的時間約為「排卵」後的24小時內 ... 162
- 05　能受精的只有經過選擇的精子！ ... 164
- 06　受精約9個月後會誕生新生命 ... 166
- 07　乳房演化是為了哺育嬰兒 ... 168

下課時間　兄弟姐妹之間只有部分相似的原因 ... 170

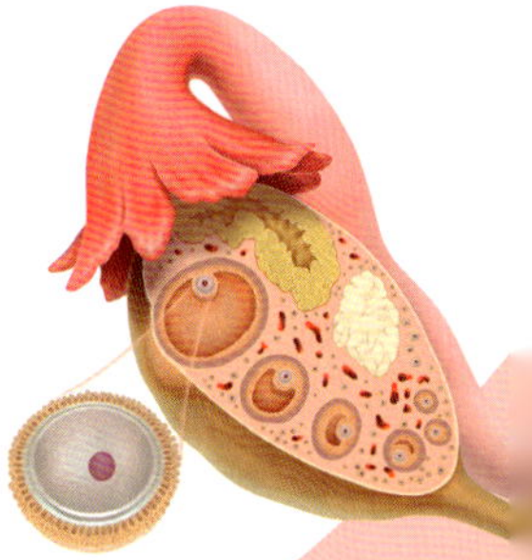

十二年國教課綱對照表 ... 172

本書的特色

一個主題用2頁做介紹。除了主要的內容，還有告訴我們相關資訊的「筆記」以及能讓我們得到和主題相關小知識的「想知道更多」。

此外，在書中某些地方會出現收集有趣話題的「下課時間」，等著你去輕鬆瀏覽哦！

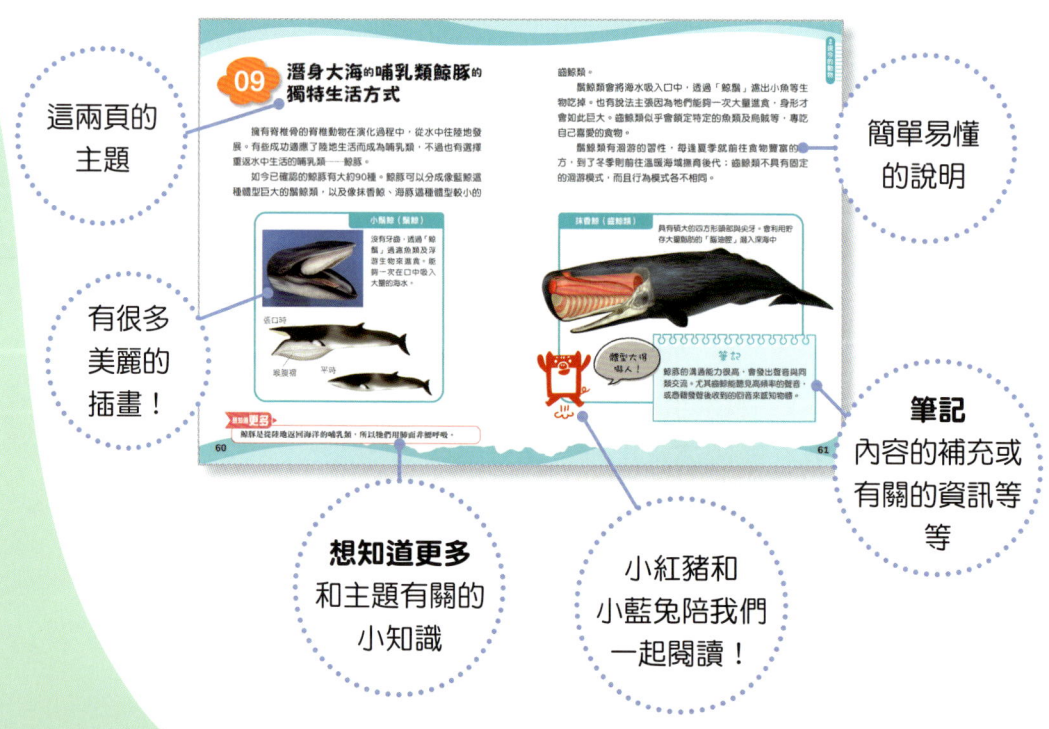

這兩頁的主題

有很多美麗的插畫！

想知道更多
和主題有關的小知識

小紅豬和小藍兔陪我們一起閱讀！

簡單易懂的說明

筆記
內容的補充或有關的資訊等等

角色介紹

小紅豬

【兒童伽利略】科學探險隊的小隊長。
圓圓的鼻子是最迷人的地方。

小藍兔

小紅豬的朋友,科學探險隊的隊員。
很得意自己有像兔子一樣長長的耳朵。
雖然常常說些笨話,但倒是滿可愛的。

小紅豬也能
變身唷!

免疫細胞

牙齒

病毒

身體內部發生了什麼事？

口腔
口腔是指「嘴巴裡面」的區域。負責咀嚼食物，並與唾液混合，使食物易於吞嚥。

食道
負責讓食物通過，長約25公分的管道。位於氣管後方（背側）。

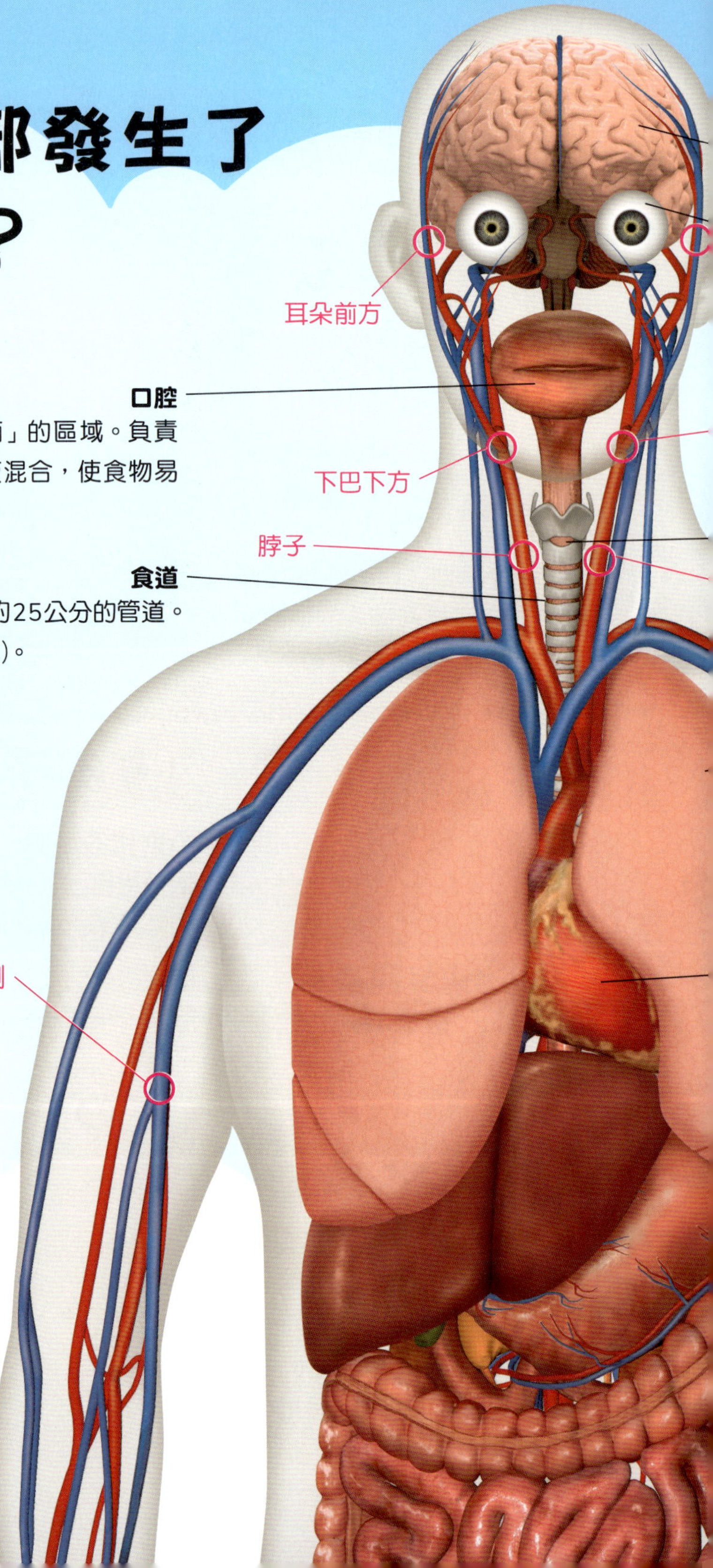

耳朵前方

下巴下方

脖子

上臂內側

※ 右邊這位「皮肉透明的人類」，目前我們只能看到他的部分骨骼與肌肉。動脈以紅色標示，靜脈則以藍色標示。此外，各個器官的大小和重量均為成年男性（身高170公分，65公斤）的平均值。

> 脈搏是指血管的跳動節奏！

腦
人體的司令塔。重量約1.3公斤。

眼睛
負責感知光線，並將訊息傳至腦部。可說是人體攝影師。

氣管
將空氣送至肺部的管道。粗細（外徑）約2公分，位於食道前方。

肺臟
將氧氣傳遞到血液中，同時接受二氧化碳的器官。左右兩肺共可容納4～5公升的空氣。

心臟
將血液循環到全身的幫浦。位於左右兩肺之間，稍微偏向左側（面向圖片的右側）。

― 下巴下方
― 耳朵前方
○ 能夠測量到脈搏的主要部位
― 脖子
― 上臂內側

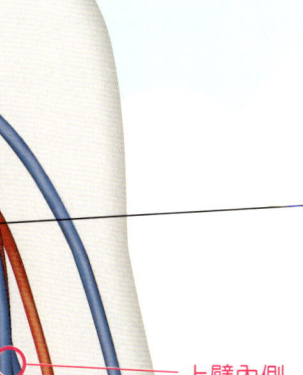

這裡有一個「皮肉透明的人類」。雖然外表有點恐怖，但似乎能告訴我們身體內部的情況喔！

11

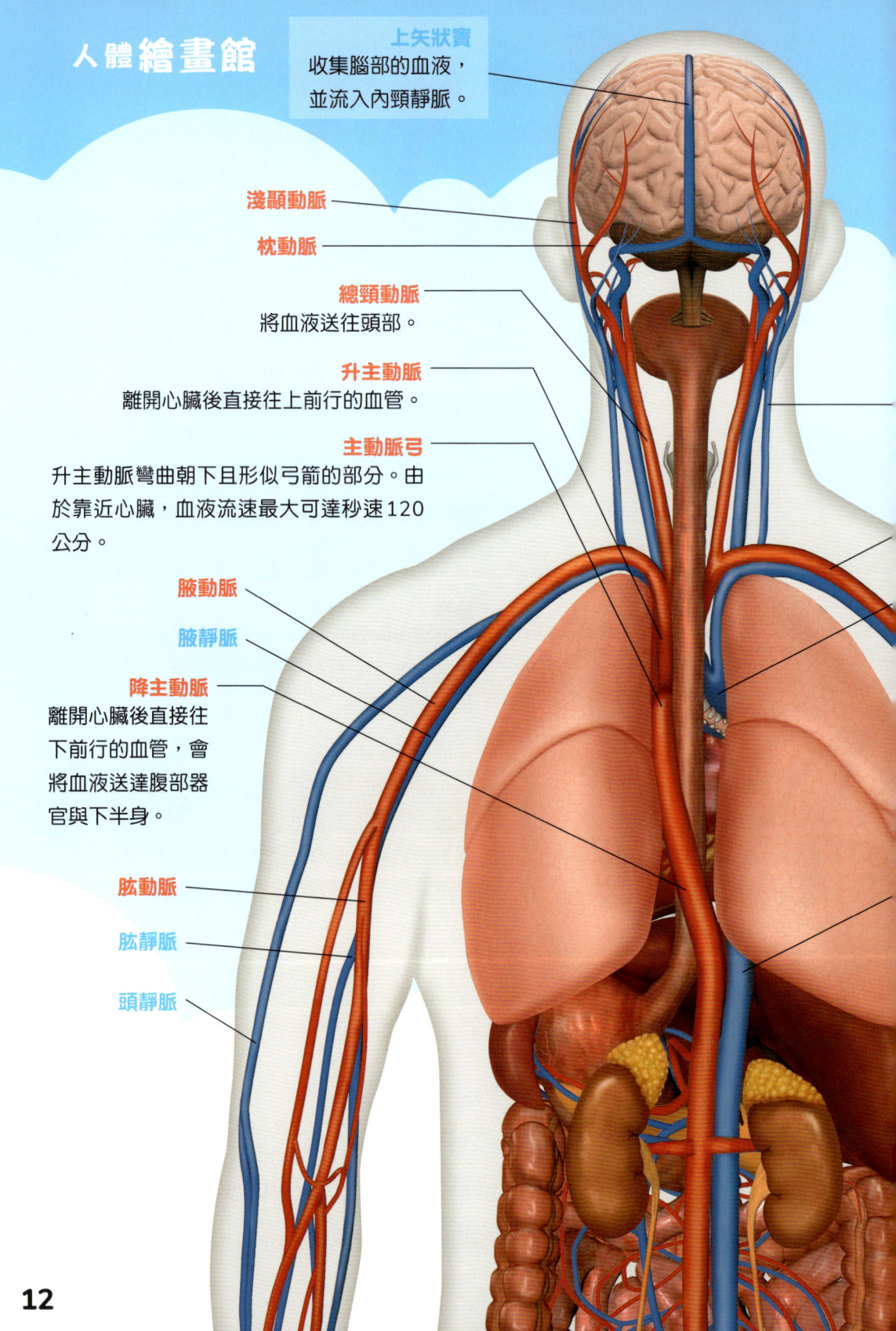

雖然我們只能看見這位皮肉透明的人類的主要血管，但實際上，分枝成無數細小血管的「微血管」遍布他身體的各個角落。

「動脈」是從心臟流向身體末梢的血管。「靜脈」則是從全身流回心臟的血管！

— 內頸靜脈

— 鎖骨下動脈

— 上腔靜脈
血液從腦部和上半身回流。

— 下腔靜脈
血液從腹部和下半身回流。

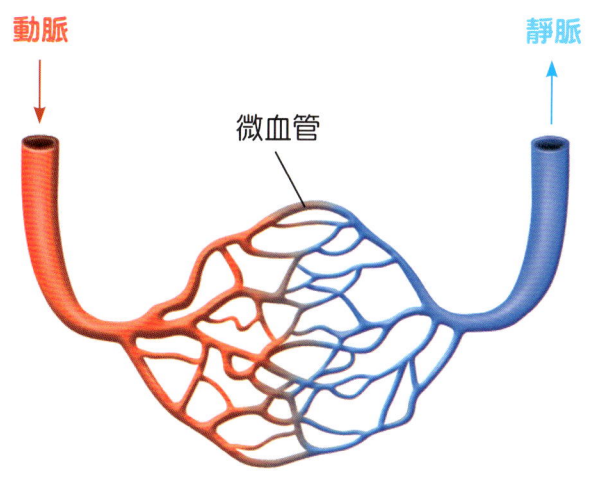

微血管
所有動脈與靜脈都連接著身體末梢的微血管。當血液通過微血管時，它會將氧氣和養分運送到細胞中，同時從細胞接收二氧化碳和廢物。

人體繪畫館

腸道就像迷宮一樣！

肝臟
人體最大的內臟器官。負責儲存養分、分解藥物成分等功能。

膽囊
將肝臟製造的「膽汁」儲存起來並濃縮。

胰臟
調節血糖值。位於胃部後方。

手腕大拇指側

鼠蹊部

脾臟
清除血中異物、抗原及老舊紅血球的器官。內部充滿紅血球。

腎上腺
分泌腎上腺素的器官，調控身體對壓力產生的反應。位於左右腎臟的上方，但未與腎臟相連。

腎臟
過濾血液並製造尿液的器官。左右各有一顆，單側重量約為130公克。

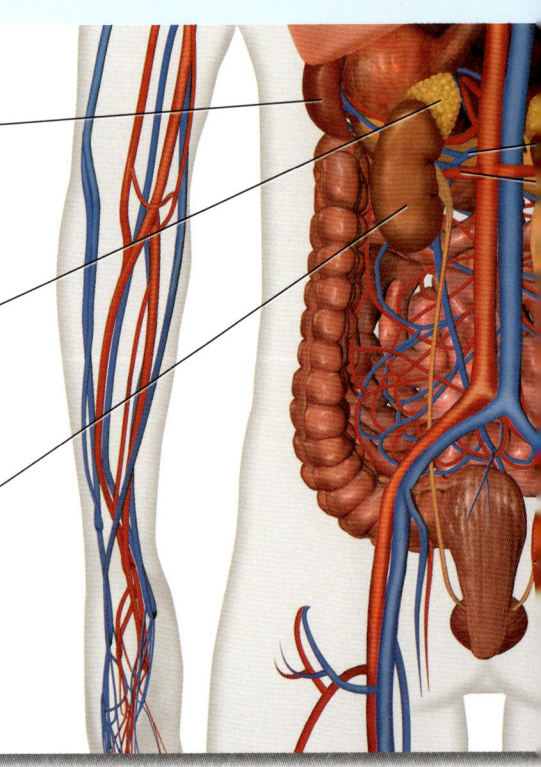

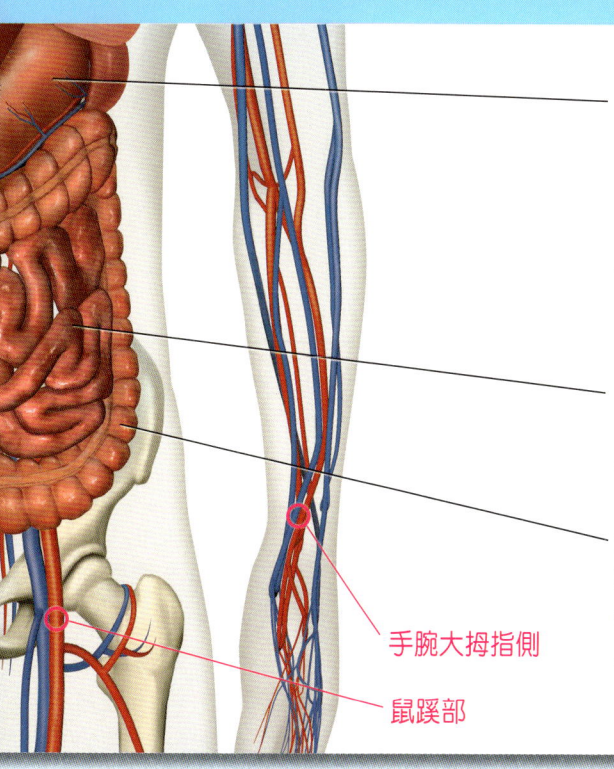

胃
具有消化食物、殺菌與儲存等功能。容量約1.4公升，可以根據吃下去的食物分量撐大或縮小。成人的最大胃容量在2至4公升之間。

小腸
消化食物與吸收養分的主要器官，總長約6～7公尺。

大腸
製造糞便，總長約1.6公尺的管道。裡面棲息著超過100兆個的腸道細菌。

手腕大拇指側

鼠蹊部

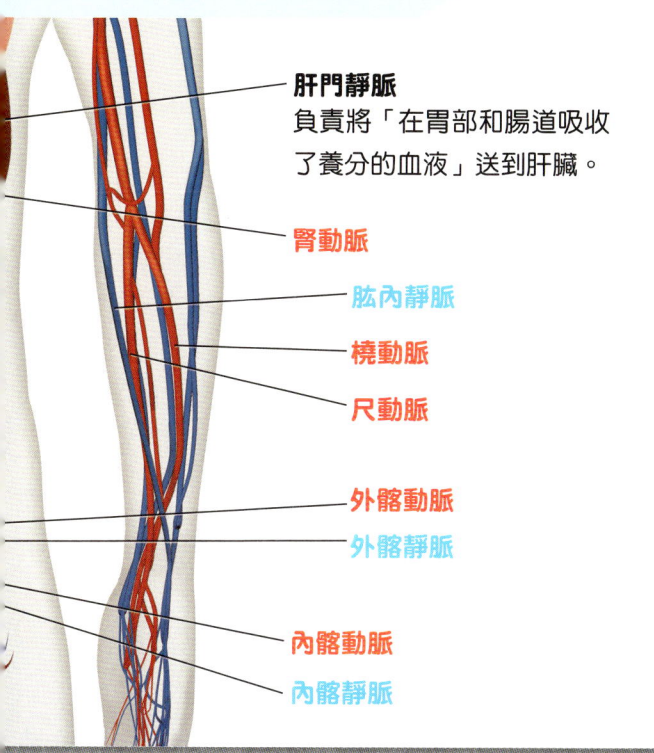

肝門靜脈
負責將「在胃部和腸道吸收了養分的血液」送到肝臟。

腎動脈

肱內靜脈

橈動脈

尺動脈

外髂動脈

外髂靜脈

內髂動脈

內髂靜脈

喝足量的水，不憋尿，有益健康。

人體繪畫館

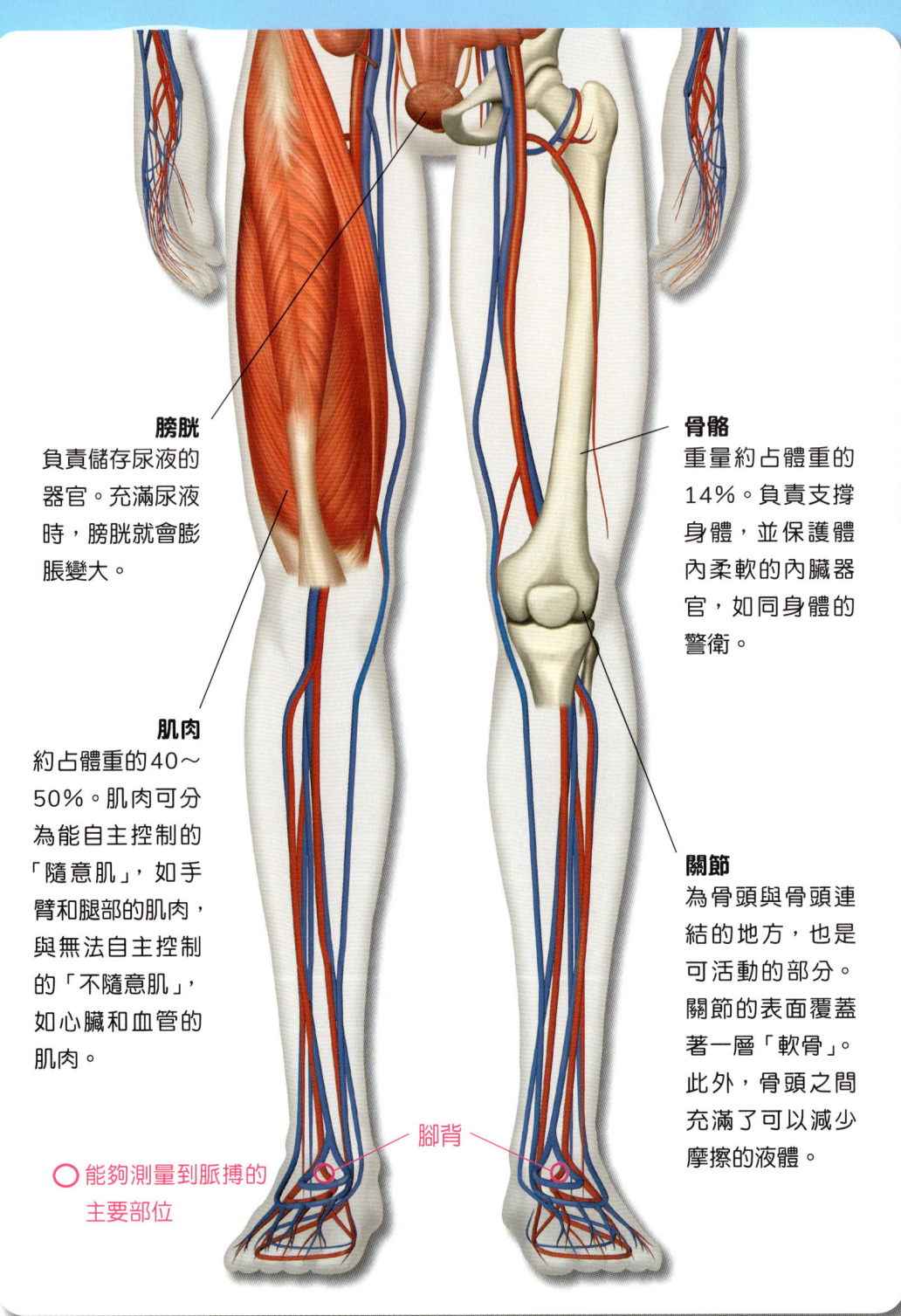

膀胱
負責儲存尿液的器官。充滿尿液時，膀胱就會膨脹變大。

肌肉
約占體重的40～50%。肌肉可分為能自主控制的「隨意肌」，如手臂和腿部的肌肉，與無法自主控制的「不隨意肌」，如心臟和血管的肌肉。

骨骼
重量約占體重的14%。負責支撐身體，並保護體內柔軟的內臟器官，如同身體的警衛。

關節
為骨頭與骨頭連結的地方，也是可活動的部分。關節的表面覆蓋著一層「軟骨」。此外，骨頭之間充滿了可以減少摩擦的液體。

腳背

○ 能夠測量到脈搏的主要部位

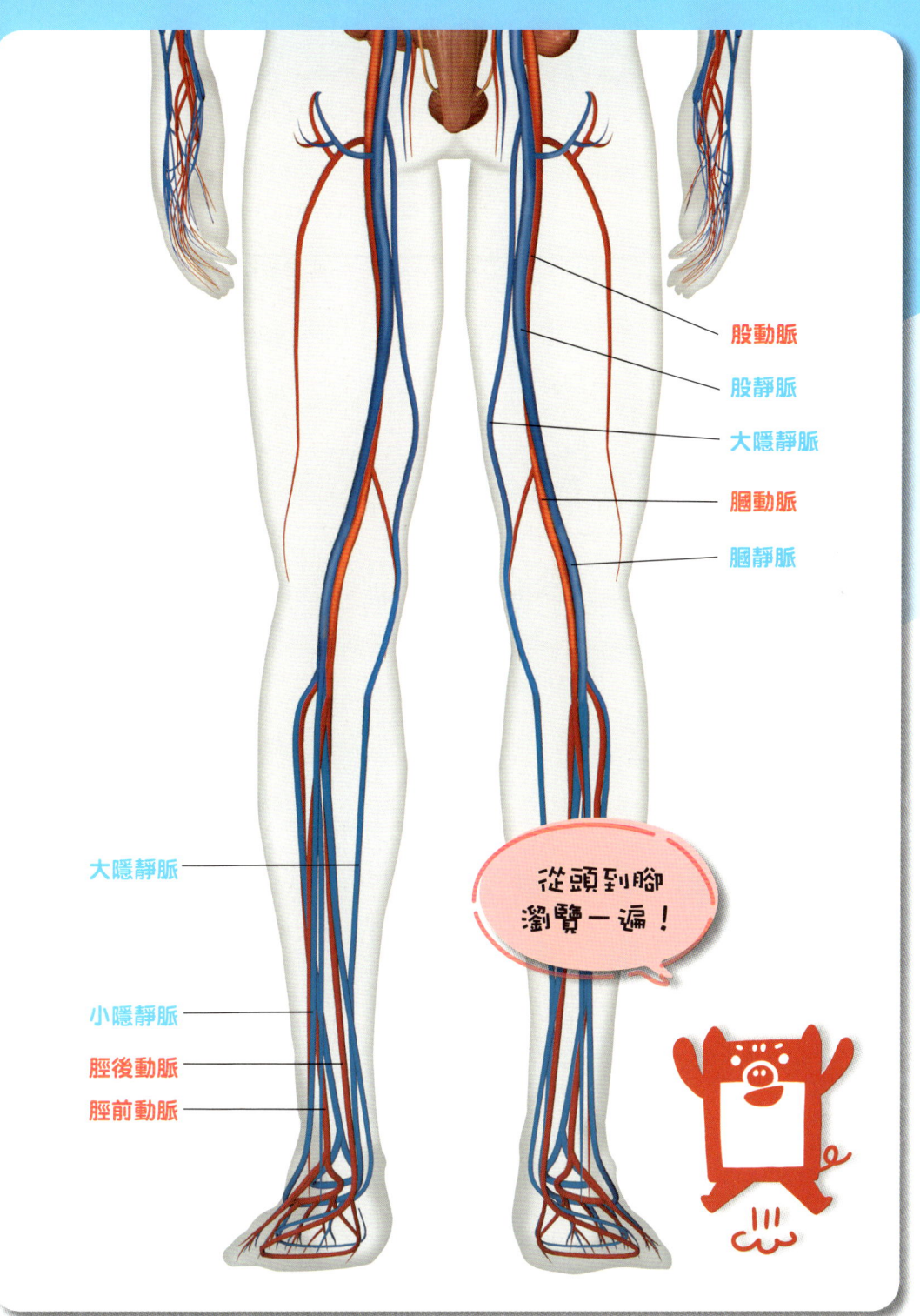

人體繪畫館
身體內充滿了神經！

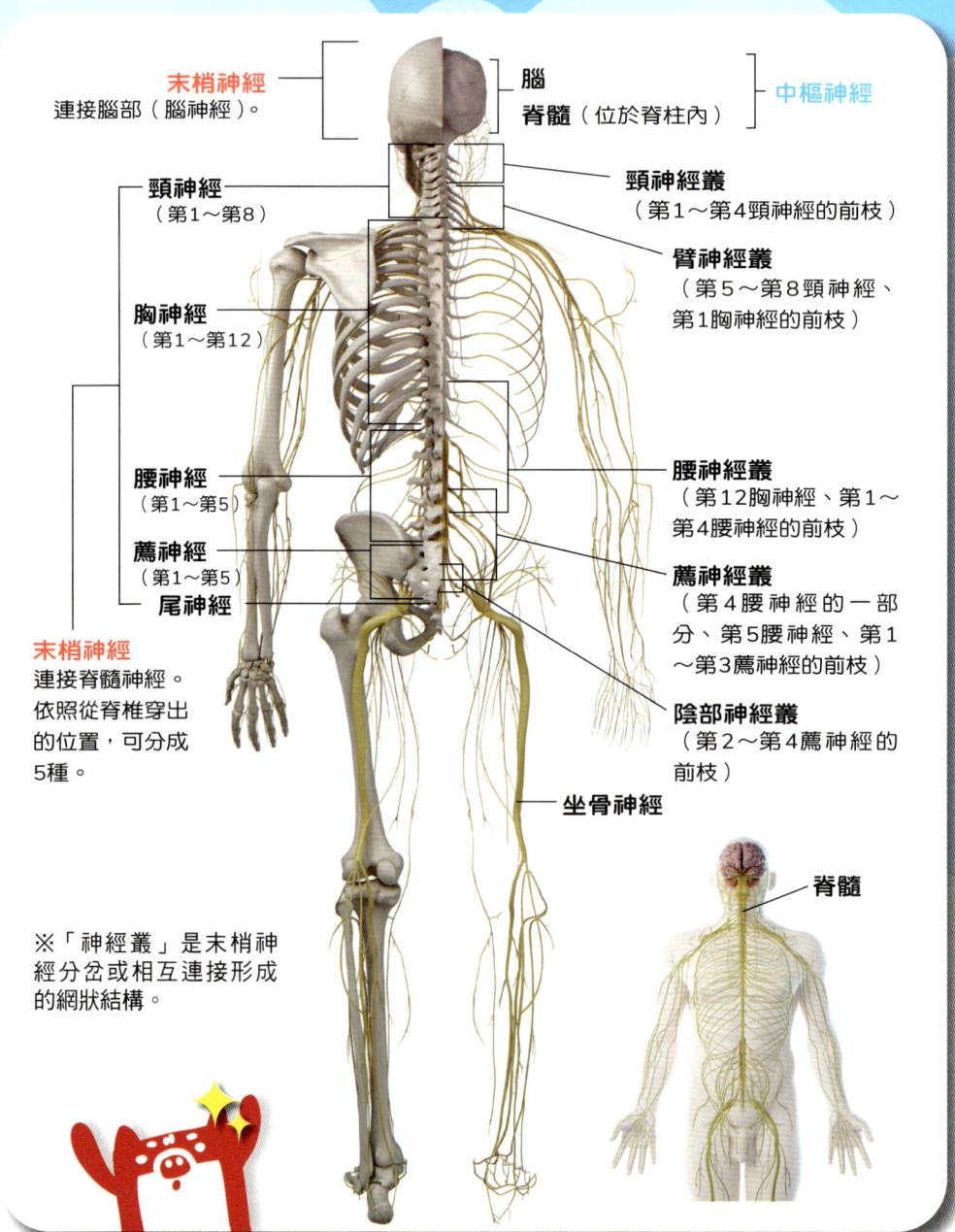

從上面這幅人類的神經系統圖中，可以清楚看到主要的「中樞神經」，以及從中樞神經延伸出來的「末梢神經」。

第 **1** 節課

骨骼、肌肉、皮膚

在鬼屋中出現的「骷髏」和科學館裡的人體模型，相當恐怖對吧。然而，它們也代表著我們內在的模樣。人體內部到底是怎麼回事呢？現在就開始進行人體之旅吧。

注意安全！

人體約由 200 塊骨頭組成！

就像烤魚或烤雞裡面有骨頭一樣，我們人類也有許多骨頭。人體由200塊以上（成人為206塊）的骨頭組成，例如容納腦部的「頭蓋骨」，或是從頭蓋骨延伸到下面的「脊椎」（也稱為「脊柱」或「脊梁骨」），以及覆蓋肺和心臟等器官的「肋骨」。大家清楚了解這些骨頭嗎？

鎖骨

肋骨（12對）
胸骨

肱骨

尺骨
橈骨
腕骨（8塊）
掌骨（5塊）
指骨（14塊）

股骨

膝蓋骨

不想在晚上看到……

想知道更多

人類能夠抵抗重力保持姿勢並站立行走，全都歸功於骨頭的支撐。

人類（成人）的骨骼

- 頭蓋骨（7塊＋8對）
- 脊椎（脊柱）
  - 頸椎（7塊）
  - 胸椎（12塊）
  - 腰椎（5塊）
  - 薦骨（5塊薦椎合成為1塊薦骨）
  - 尾骨
- 肩胛骨
- 骨盆
  - 薦骨
  - 尾骨
  - 坐骨
  - 恥骨
  - 髂骨
  - 髖骨
- 腓骨
- 脛骨
- 蹠骨（5塊）
- 跗骨（7塊）
- 趾骨（14塊）

1 骨骼、肌肉、皮膚

21

02 保護重要部位的結實骨頭

堅硬且結實的骨頭具有各種不同的功能。其中之一就是支撐身體,並保護生存時特別重要的部位,如腦部或內臟。舉例來說,在前一單元提到的脊椎就像支柱般支撐著整個身體。此外,脊椎內還有一條名為「脊髓」的重要神經通道。順帶一提,當脊髓受傷時,可能會出現劇烈疼痛、無法行走,或是無法呼吸等情形。

人體內約有200塊骨頭彼此相連,其中又分為「可動」與「不可動」兩類。可動的骨頭會透過「關節」連接在一起。關節由三個部分組成,分別是減少骨頭之間摩擦的「關節腔」、吸收骨頭所受衝擊的「關節軟骨」,以及包覆關節的「關節囊」。

想知道更多

一般認為骨頭的重量約為體重的 14%(若體重為 30 公斤,則骨頭重量約為 4.2 公斤)。

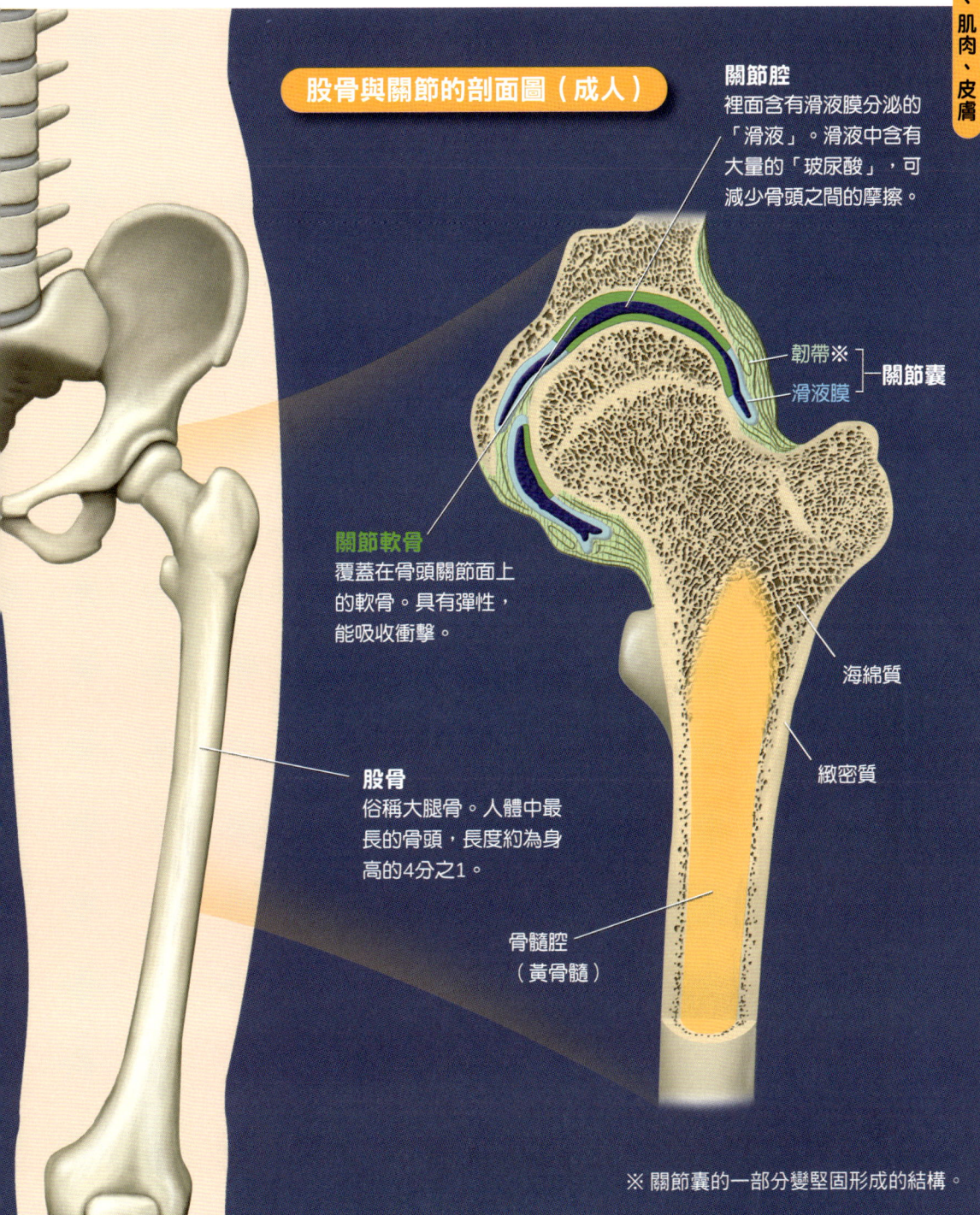

03 每年約有 5 分之 1 的骨骼會更新！

可能有人在一年之內身高增長了好幾公分。身高增長意謂著骨頭在長大。相對地，成人的身高幾乎不會改變。難道成年後，骨頭就不再有太大的變化嗎？

其實，即使在成人的身體裡，骨頭的形成（產生新骨）

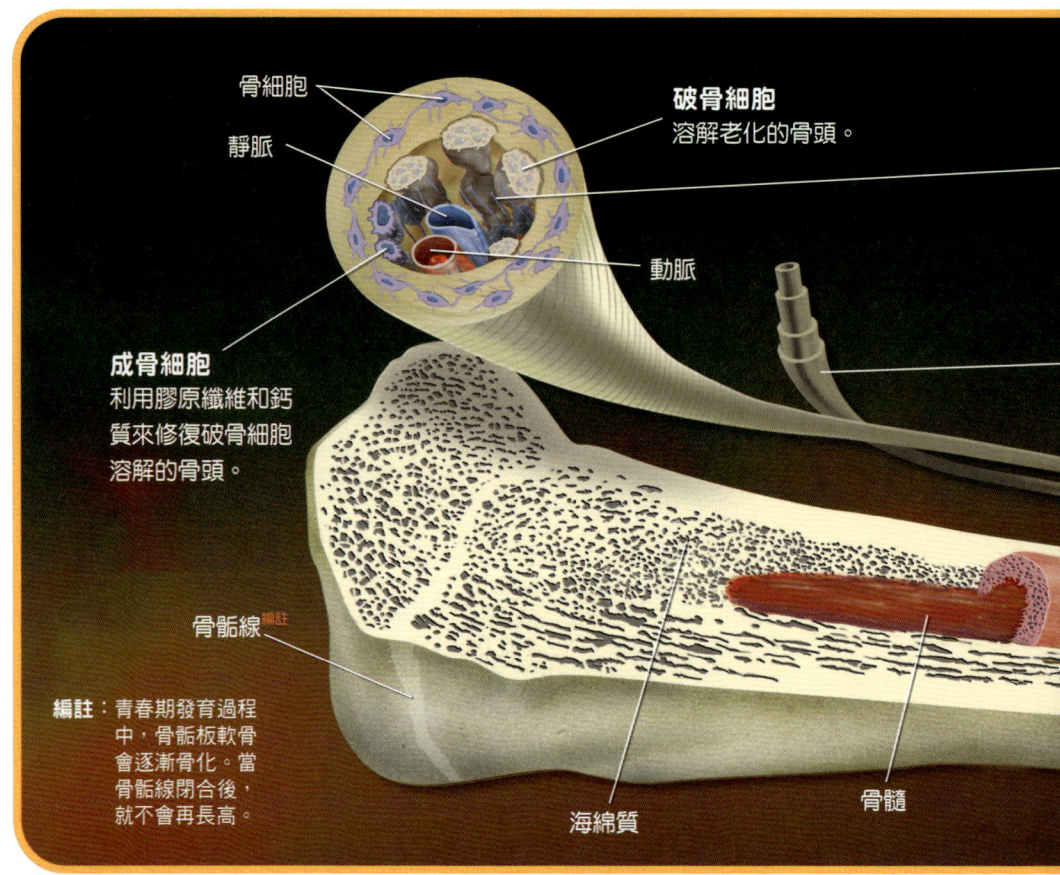

骨細胞

靜脈

破骨細胞
溶解老化的骨頭。

動脈

成骨細胞
利用膠原纖維和鈣質來修復破骨細胞溶解的骨頭。

骨骺線 編註

編註：青春期發育過程中，骨骺板軟骨會逐漸骨化。當骨骺線閉合後，就不會再長高。

海綿質

骨髓

和吸收（分解舊骨）也不斷進行中。當血液中的「鈣質」不足時，身體會利用「破骨細胞」溶解部分含有大量鈣質的老化骨頭，來補充血液中缺少的鈣質，這個過程即為「吸收」。而血液中的鈣質含量充足時，被溶解的骨頭會透過「成骨細胞」恢復原狀，這個過程即為「形成」。

這個機制（運作模式）意謂著年輕人全身骨骼每年約有5分之1會進行更新，真是令人驚訝。

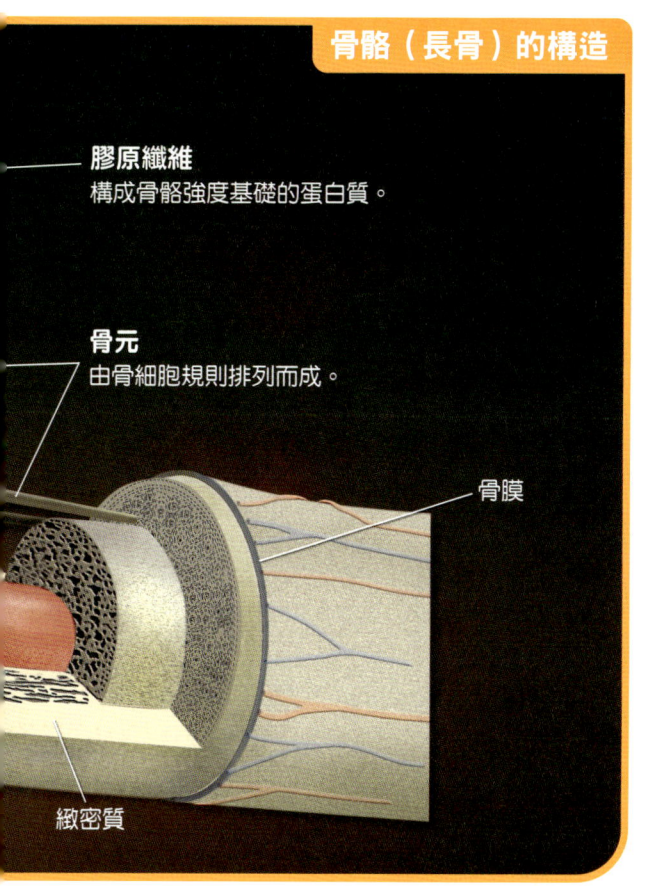

骨骼（長骨）的構造

膠原纖維
構成骨骼強度基礎的蛋白質。

骨元
由骨細胞規則排列而成。

骨膜

緻密質

筆記

骨頭由外側堅硬的「緻密質」與內側布滿空隙的「海綿質」兩種組織所組成，這使得骨頭輕盈卻又保有強度。

想知道更多
體內 99％的鈣質儲存在骨骼中。

04 脊髓與大腦一樣扮演著重要角色

　　脊髓是通過脊椎的神經，負責處理來自感覺器官（→第五節課）等部位的訊息，扮演著重要的角色。例如當我們觸碰到熱的東西時，會立即把手縮回來，這個稱為「反射作用」（反射動作）[編註]的機制，就是由脊髓負責的。

　　手指受到的刺激通常會從手指傳到脊髓，再傳到大腦，然後大腦再向肌肉發出「動起來！」等指令。然而，在反射作用中，刺激會直接從脊髓傳達到肌肉，不會經由大腦。

　　脊髓從左右兩側伸出神經，這些神經一開始分成兩部分。背側的神經包含「感覺神經」，負責將來自皮膚等處的感覺訊息傳遞到脊髓。另一方面，胸側的神經則包含「運動神經」，將來自大腦或脊髓的指令傳遞到肌肉。這兩部分神經在離開脊椎之前會匯合，形成「脊髓神經」。

編註：除了觸燙縮手之外，用木槌輕敲膝蓋，小腿會自動往前踢等反射動作稱為「非制約反射」（無條件反射），是天生的，每個人都會作出相似的反應。而看到酸梅會自動分泌口水的「望梅止渴」則需要大腦皮層的參與，因為根據多次吃酸梅的經驗，大腦中的記憶區會促使唾腺分泌口水，稱為「制約反射」（條件反射）。

> **想知道更多**
> 脊椎是由「椎骨」這種骨頭堆疊而成。

1 骨骼、肌肉、皮膚

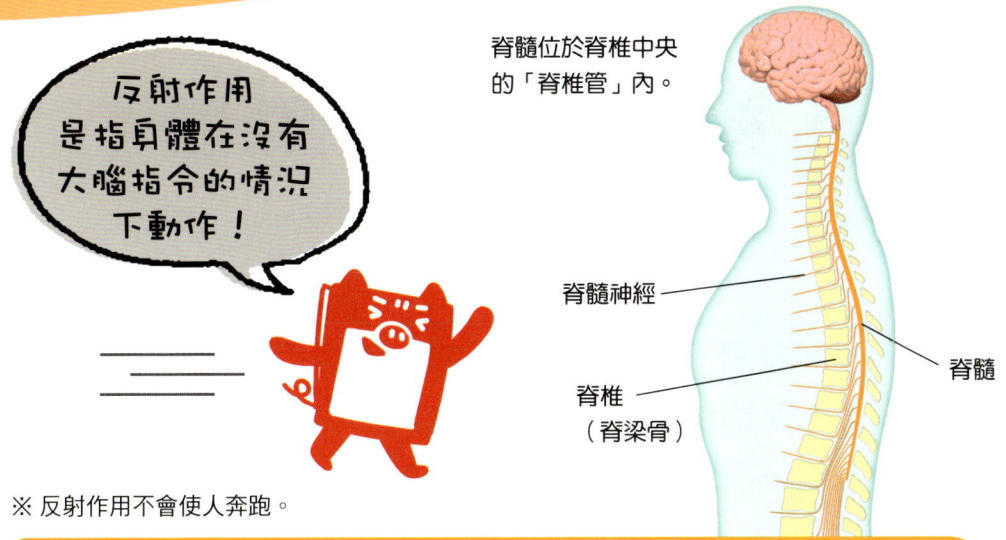

「反射作用是指身體在沒有大腦指令的情況下動作！」

脊髓位於脊椎中央的「脊椎管」內。

脊髓神經

脊椎（脊梁骨）

脊髓

※ 反射作用不會使人奔跑。

脊髓的構造

編註：灰質聚集大量神經元，可對資訊進行深入處理。白質則負責不同灰質間或周邊器官間傳遞資訊。

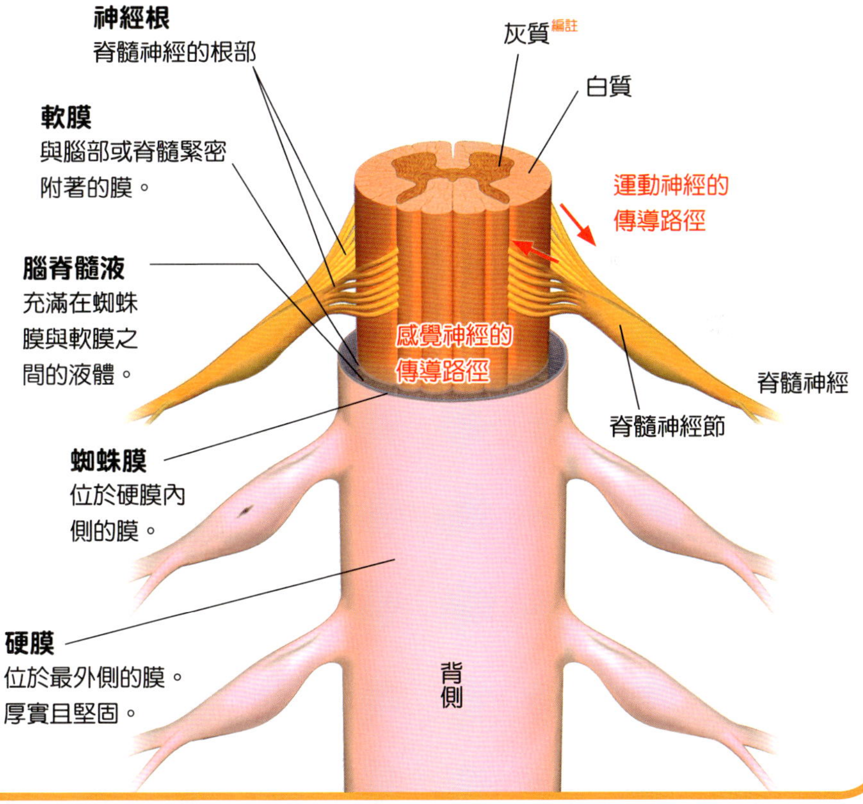

神經根
脊髓神經的根部

軟膜
與腦部或脊髓緊密附著的膜。

腦脊髓液
充滿在蜘蛛膜與軟膜之間的液體。

蜘蛛膜
位於硬膜內側的膜。

硬膜
位於最外側的膜。厚實且堅固。

灰質 編註

白質

運動神經的傳導路徑

感覺神經的傳導路徑

脊髓神經

脊髓神經節

背側

脊髓由三層膜（硬膜、蜘蛛膜和軟膜）保護。椎骨之間有脊髓神經向左右延伸。

27

05 如果沒有神經，身體就無法協調？

　　我們的身體不僅僅是細胞的集合體，而是每個細胞共同合作，才使我們成為人類。

　　神經與激素※是整合所有細胞的系統。神經是由神經細胞（神經元）編註1連接而成，並延伸遍布整個身體（→第18頁）。神經系統大致分為負責核心功能的「中樞神經系統」，以及連接中樞神經與身體各個器官和組織的「周邊神經系統」。

　　另一方面，大腦中的神經細胞與「神經膠質細胞」編註2共存。神經細胞的「細胞體」延伸出兩種類型的「突起」，「軸突」負責將電訊號傳遞給其他神經細胞，「樹突」則接收來自其他神經細胞的電訊號。此外，軸突的末端與其他神經細胞的樹突是透過左圖所示的「突觸」連接在一起。

※ 激素的相關說明會在第4節課詳細解說。

編註1：腦內約有1000億個神經元，數量與銀河系中恆星的數量相同。神經元會伸出許多「手」（突觸）連接其他神經細胞，藉此傳送訊號。突觸數量估計接近1000兆個。

編註2：過去認為神經膠質細胞的數量是神經元的10倍，近期的研究表明兩者的數量大致相同。

想知道更多
神經膠質細胞包括星狀細胞、寡樹突細胞和小膠質細胞等等。

腦的內部
（神經細胞與神經膠質細胞）

編註 1：粗糙內質網會合成蛋白質，與平滑內質網相連通，協助細胞內物質的運輸。

星狀細胞
支撐神經細胞和其周圍的結構。特別是覆蓋在微血管上，將物質從血液運送到神經細胞中。

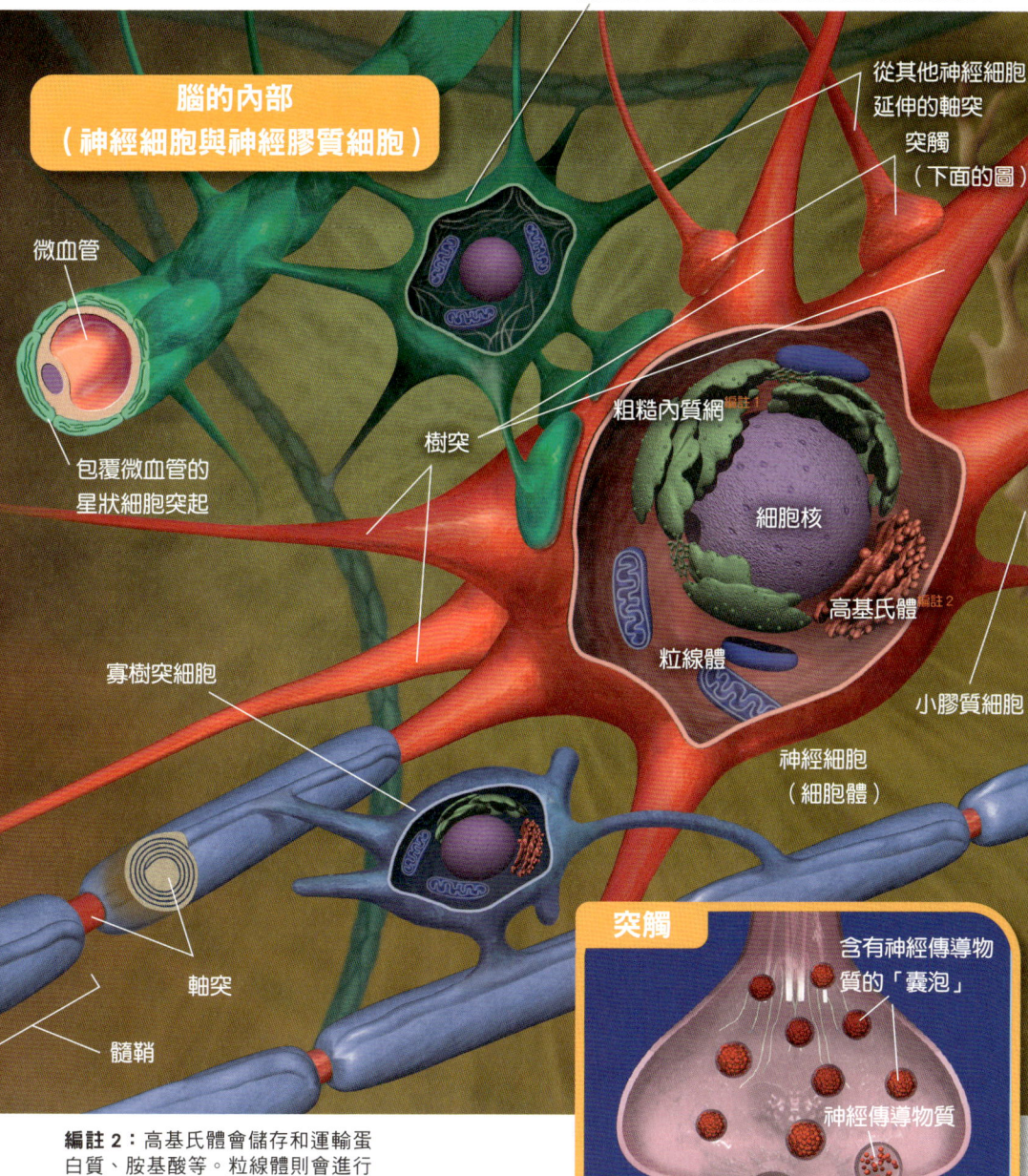

1 骨骼、肌肉、皮膚

微血管

包覆微血管的星狀細胞突起

從其他神經細胞延伸的軸突

突觸（下面的圖）

粗糙內質網 編註1

細胞核

高基氏體 編註2

粒線體

小膠質細胞

樹突

寡樹突細胞

神經細胞（細胞體）

軸突

髓鞘

突觸

含有神經傳導物質的「囊泡」

神經傳導物質

受體

「離子」流入

編註 2：高基氏體會儲存和運輸蛋白質、胺基酸等。粒線體則會進行呼吸作用，產生能量。

仔細觀察神經細胞，會發現它們彼此之間相隔甚遠。在突觸中，神經細胞會釋放神經傳導物質，接收後再傳遞電訊號。

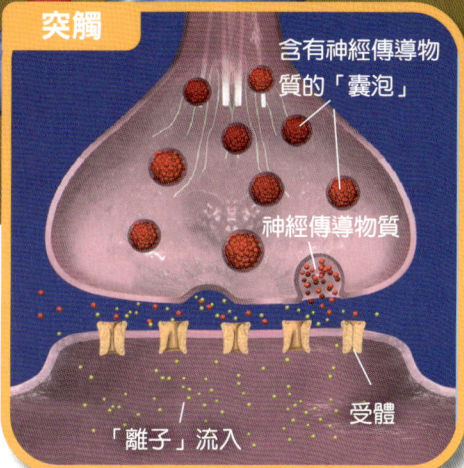

29

下課時間

為什麼我們能用兩條腿走路呢？

黑猩猩（類人猿）使用四肢移動，而我們人類卻能用兩條腿直立行走。為何會有這種差異呢？

擁有較大腦袋的人類在演化過程中，發展出

人類

脊椎在腰部彎曲。

尾骨
（尾巴退化殘留痕跡）

膝關節能在不依賴肌肉的情況下保持「鎖定」狀態。

與黑猩猩相比，人類骨盆寬度較寬，高度較矮，且具有深度，使得骨盆能從下方支撐內臟。

人類的情況

脊椎通過的孔

雙腳接地點靠近身體的中心線

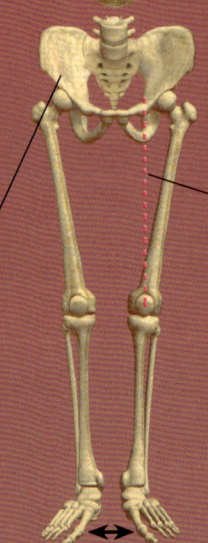

將沉重頭部放在脊椎（脊梁骨）正上方來支撐的身體結構，因此脊椎與頭蓋骨連接的部分位於頭蓋骨的正中央。然而，在黑猩猩身上，這個連接部分較偏向背部。以百米賽跑終點衝刺為例，選手身體和頭都往前傾，衝過終點線後若未仰起身體放慢速度，可能會往前仆倒。這就像黑猩猩站立行走時若不以前肢撐地難以穩定頭部一樣。

此外，人類的骨盆像碗一樣從下方支撐沉重的內臟。而且由於人類的脊椎呈S型彎曲，因此雙腳能位於身體的正下方。但是黑猩猩並沒有這種構造，所以牠們無法穩定地站立。

黑猩猩的情況

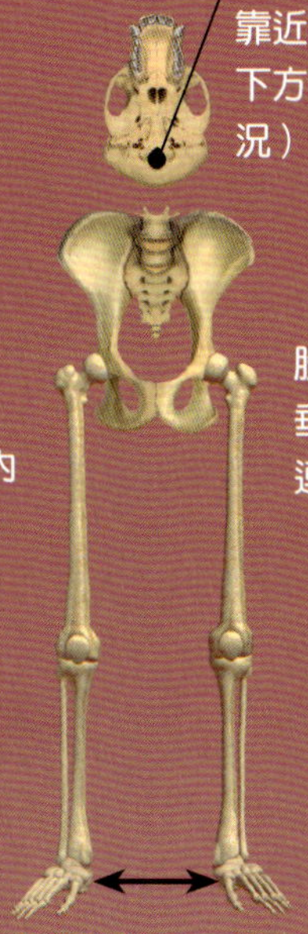

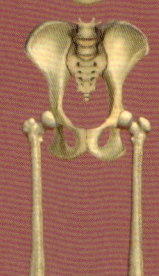

脊椎通過的孔靠近背部（從下方觀察的情況）。

股骨幾乎垂直向下連接。

股骨向內傾斜。

雙腳接地點距離身體的中心線較遠

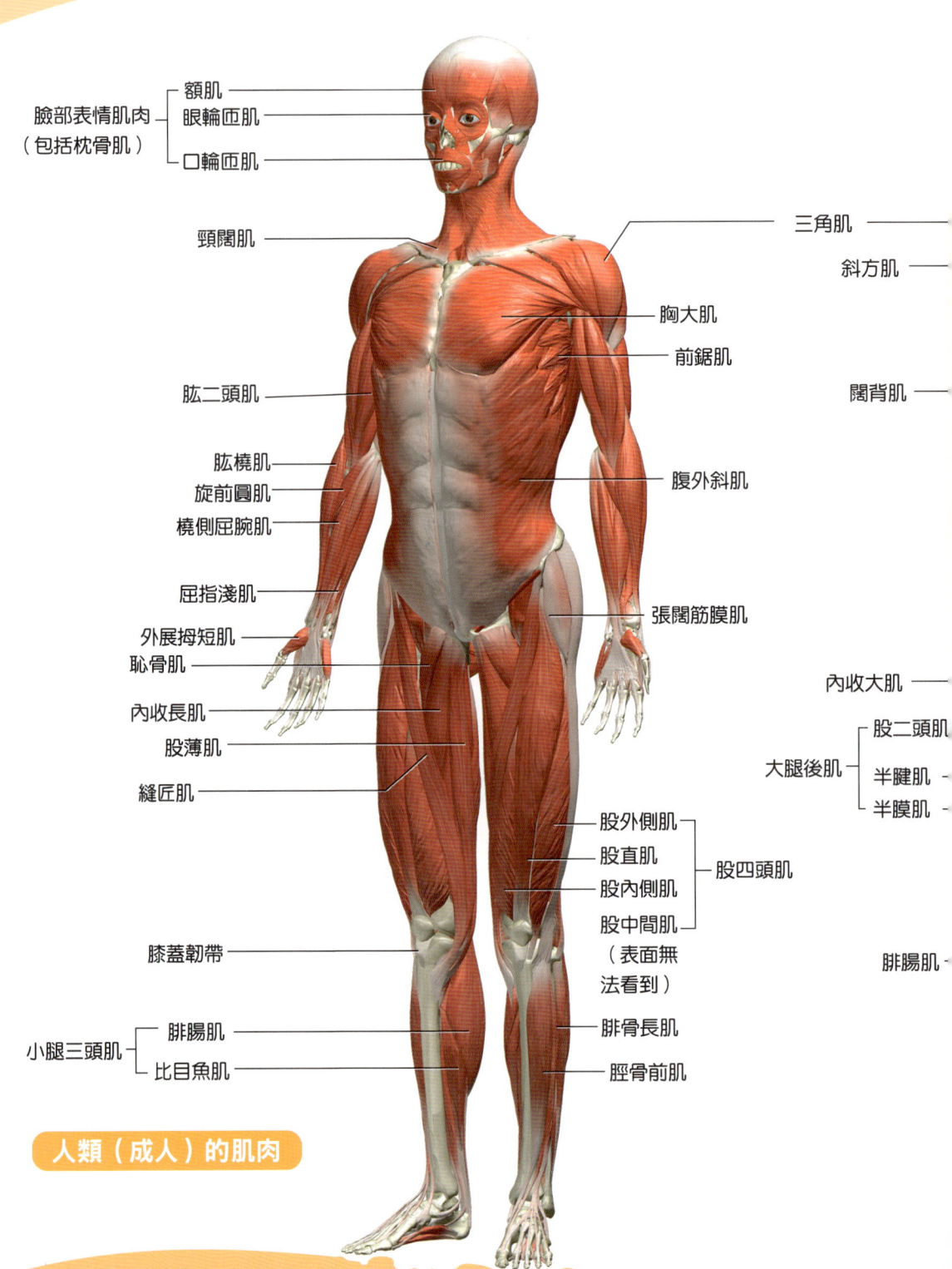

06 肌肉附著在骨骼上，執行身體的動作

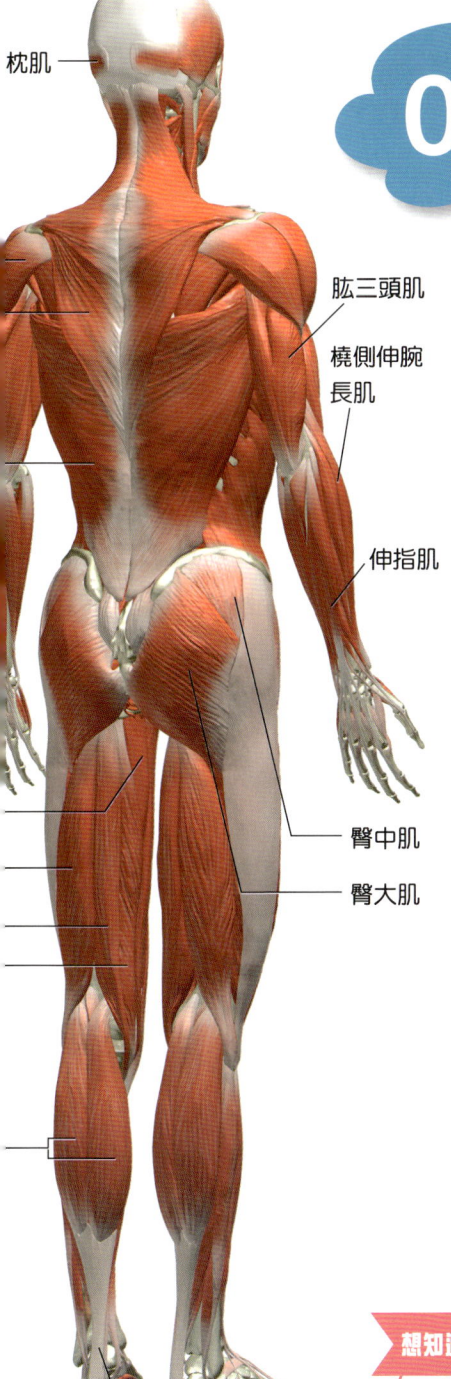

1 骨骼、肌肉、皮膚

　　肌肉附著在骨骼上，執行像是「走路」、「舉起物品」等身體動作。在左圖中，展示了身體最外層（表層）的全身肌肉。除了這些肌肉之外，還隱藏著各種不同層次的肌肉。

　　此外，骨骼和肌肉透過「肌腱」組織相連，這個組織就像是一束束的線（纖維狀）一樣。而這些線是由營養素「蛋白質」構成的。

想知道更多

「肌腱」將肌肉連接到骨骼，而「韌帶」則是連接骨頭與骨頭的組織。（→第 23 頁）

（圖上標示：枕肌、肱三頭肌、橈側伸腕長肌、伸指肌、臀中肌、臀大肌、阿基里斯腱）

33

07 有 3 種不同功能的肌肉

肌肉大致可以分為3種。首先是驅動心臟跳動的「心肌」，其次是存在於胃、腸和粗大血管壁的「平滑肌」。心肌和平滑肌無法依靠自己意志來控制其運動或停止。

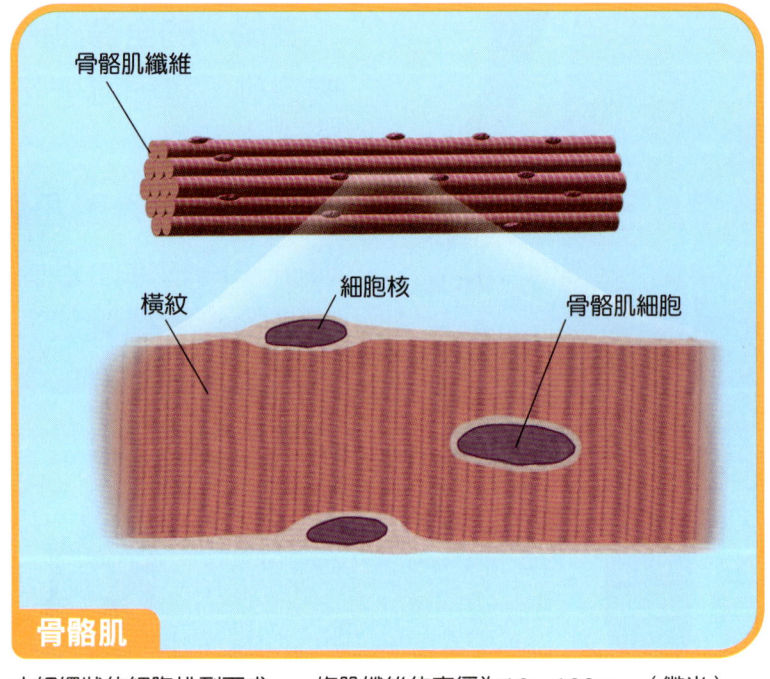

骨骼肌

由細繩狀的細胞排列而成。一條肌纖維的直徑為10～100μm（微米），長度則為數毫米～30公分。

想知道更多

骨骼肌占體重的 40～50%（若體重為 30 公斤，則骨骼肌的重量約為 12～15 公斤）。

另一方面,可以依靠自己意志來控制運動的則是「骨骼肌」,一般人所指的肌肉大多是這種肌肉。骨骼肌附著在全身的骨骼上,數量約有600～840塊(解剖學上的分類方式不同)。骨骼肌跨越兩塊骨骼,並以關節為軸心,能使四肢等骨骼上下左右移動或旋轉(→第36頁)。

肌肉是由「肌纖維」這種細繩狀的細胞聚集而成。進行肌肉訓練後,肌肉(骨骼肌)會變大。這並不是因為肌肉訓練增加了肌纖維的數量,而是因為每根肌纖維變粗的緣故。

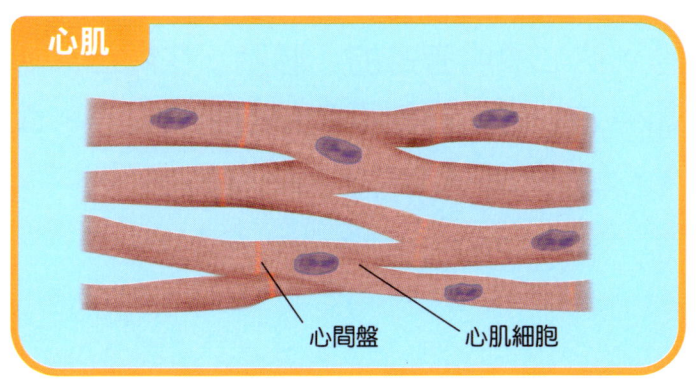

分枝且呈細繩狀的細胞彼此連接,形成網狀結構。可以看到稱為「橫紋」的橫向條紋。

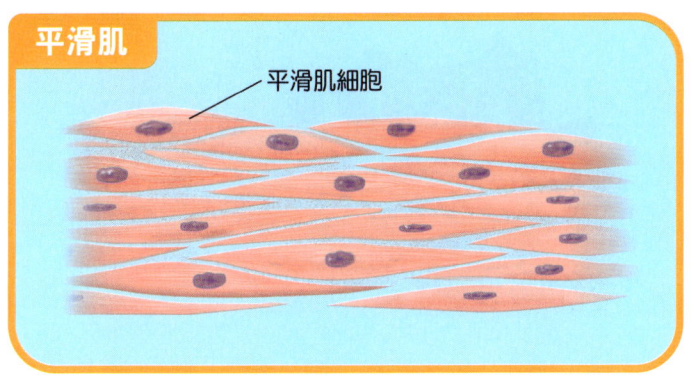

除了胃、腸(消化道)及血管之外,也存在於呼吸道(鼻、口到肺)和膀胱(→第158頁)等部位。呈杏仁狀的細胞聚集在一起,而且沒有橫向條紋。

08 在一個動作中做出相反運動的肌肉

　　將手臂往旁邊伸直，然後彎曲手肘時，「肌肉」就會隆起。這個隆起的肌肉是由手肘與肩膀之間的「肱二頭肌」形成的。肱二頭肌收縮時，就會形成彎曲手肘的原動力。

　　透過右圖詳細觀察這個動作吧。當肱二頭肌收縮時，在它下方的「肱三頭肌」會處於舒張狀態。此外，雖然在圖中不太明顯，但可以看到肱二頭肌旁邊的「肱肌」在肱二頭肌開始動作時，會增加彈力，協助抑制不必要的關節動作。即使是這麼簡單的動作，也需要多塊肌肉共同合作。

想知道更多

肌纖維束分成兩個分枝的肌肉稱為「二頭肌」，分成三個分枝的則稱為「三頭肌」。

肌肉隆起時的肌肉運動

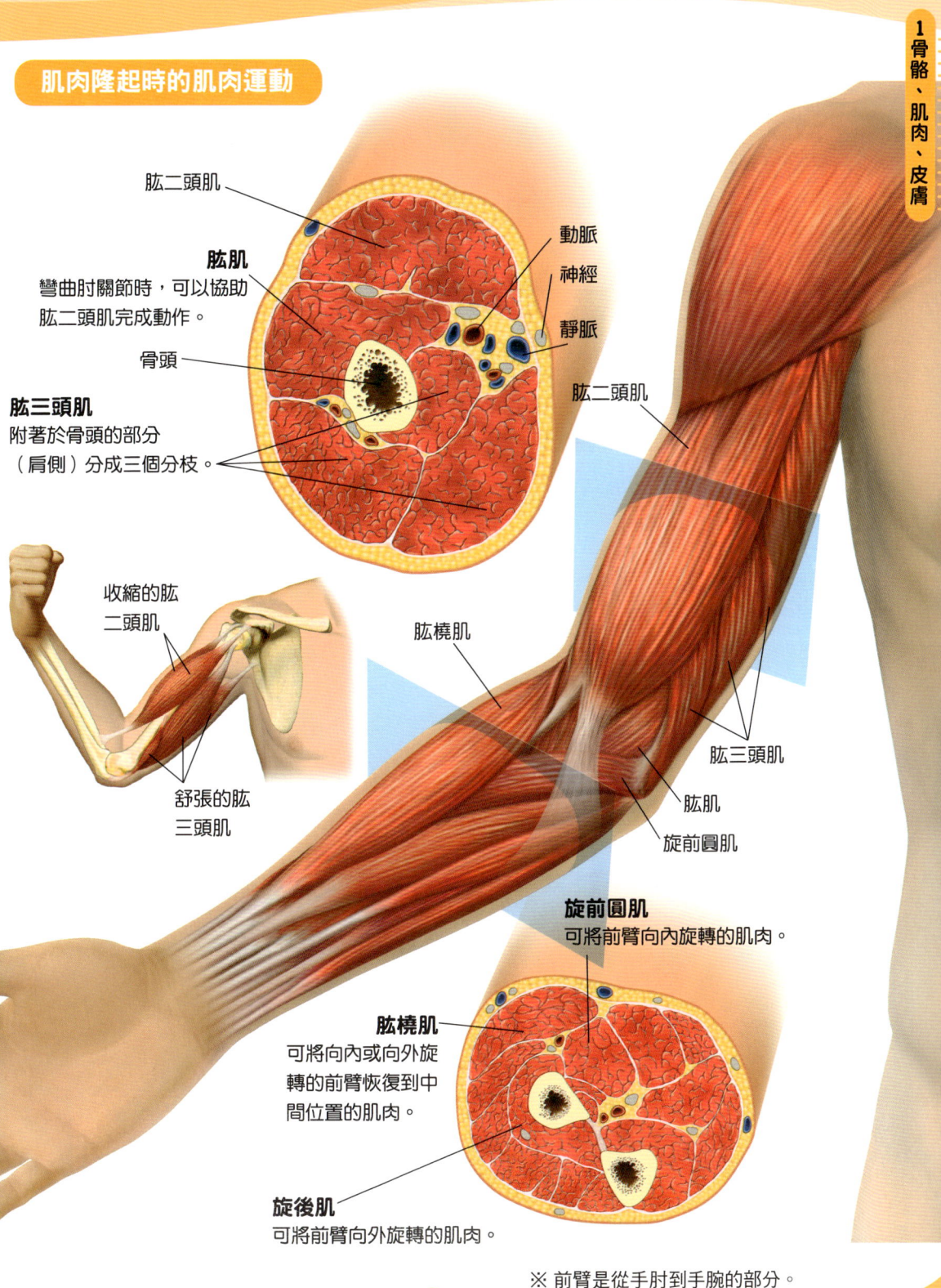

肱二頭肌

肱肌
彎曲肘關節時，可以協助肱二頭肌完成動作。

骨頭

肱三頭肌
附著於骨頭的部分（肩側）分成三個分枝。

動脈
神經
靜脈

肱二頭肌

收縮的肱二頭肌

舒張的肱三頭肌

肱橈肌

肱三頭肌
肱肌
旋前圓肌

旋前圓肌
可將前臂向內旋轉的肌肉。

肱橈肌
可將向內或向外旋轉的前臂恢復到中間位置的肌肉。

旋後肌
可將前臂向外旋轉的肌肉。

※ 前臂是從手肘到手腕的部分。

1 骨骼、肌肉、皮膚

37

下課時間

體格健美的牛

請看下方照片,這頭牛是不是比我們知道的牛「健美」許多呢?

這頭牛屬於比利時的品種，名為「比利時藍牛」。這種牛的「肌肉生長抑制素」天生就無法正常運作。肌肉生長抑制素會抑制肌肉的發展，所以比利時藍牛的肌肉會異常發達，變得非常壯碩。

有些人可能會覺得在農業機械化的時代，牛的肌肉這麼壯碩已失去耕田或載重的功能。不過，肌肉較多代表作為肉牛時能夠產出更多肉。就這一點來看，比利時藍牛可以說是優秀的家畜品種。

產肉量很多，可以做很多牛排！

比利時藍牛因典型的藍灰色斑駁毛色而得名，但實際顏色可能從白色到黑色。

39

09 成人的皮膚面積有整張榻榻米那麼大？！

　　大家覺得我們身體中最大的組織是什麼呢？答案是「皮膚」。一般認為，成人全身皮膚面積加起來約有一張榻榻米那麼大（1.6～1.8平方公尺）。

　　皮膚由三層構造組成。在「表皮」^編註 中，最外側的部分（角質層）會充當屏障，防止病原菌進入體內，同時防止體內水分流失。

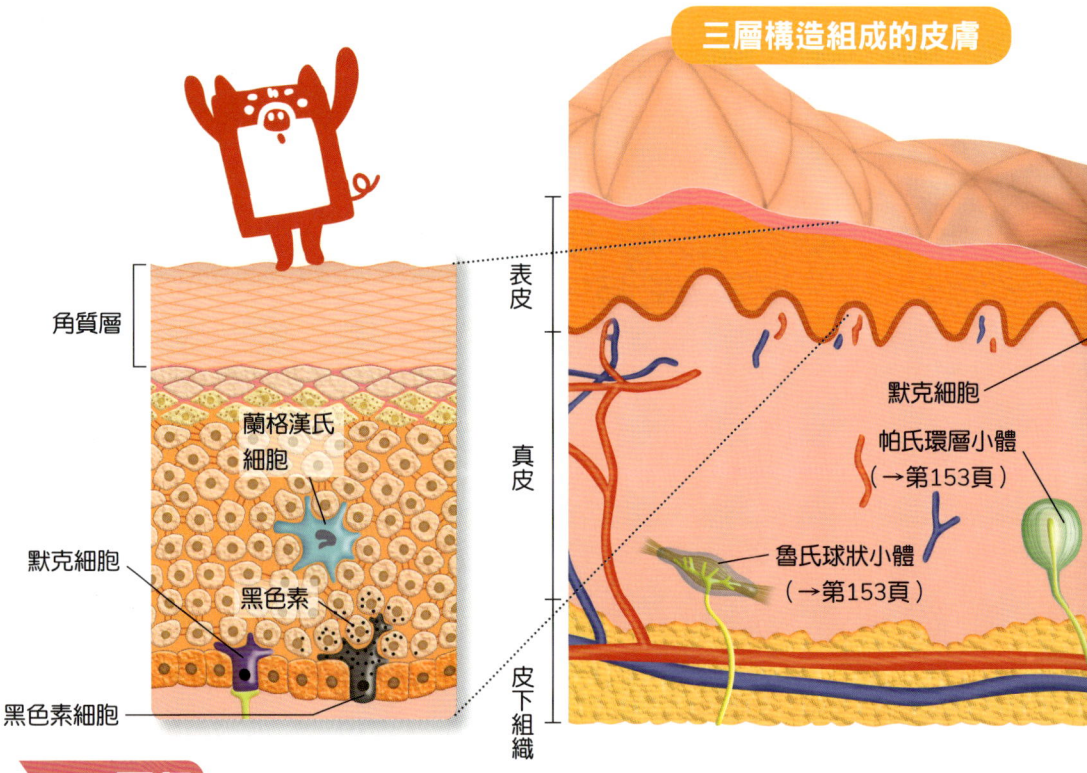

三層構造組成的皮膚

- 角質層
- 蘭格漢氏細胞
- 默克細胞
- 黑色素
- 黑色素細胞
- 表皮
- 真皮
- 皮下組織
- 默克細胞
- 帕氏環層小體（→第153頁）
- 魯氏球狀小體（→第153頁）

想知道更多

表皮和真皮的厚度合計為 0.5～4 毫米，但根據不同部位會有極大差異。

在表皮下方的「真皮」中，則有能夠賦予強度的「膠原蛋白」纖維，以及具有彈性的「彈性蛋白」纖維，它們如同網狀結構般分布其中，因此皮膚就算被壓擠或拉扯後也不容易變形，不久便恢復原狀。

最下層是將真皮與骨骼和肌肉連接的「皮下組織」。皮下組織儲存大量脂肪，就像緩衝軟墊一樣，具有緩和外部衝擊的作用。

編註：表皮又細分為角質層、透明層、顆粒層、棘狀層和基底層；真皮又細分為乳頭層與網狀層。表皮＋真皮的厚度最薄處位於眼睛下方和眼瞼周圍，厚約 0.5 毫米，最先出現老化跡象（如魚尾紋）；最厚處位於手掌和腳底，厚達 4 毫米，易摩擦長繭。

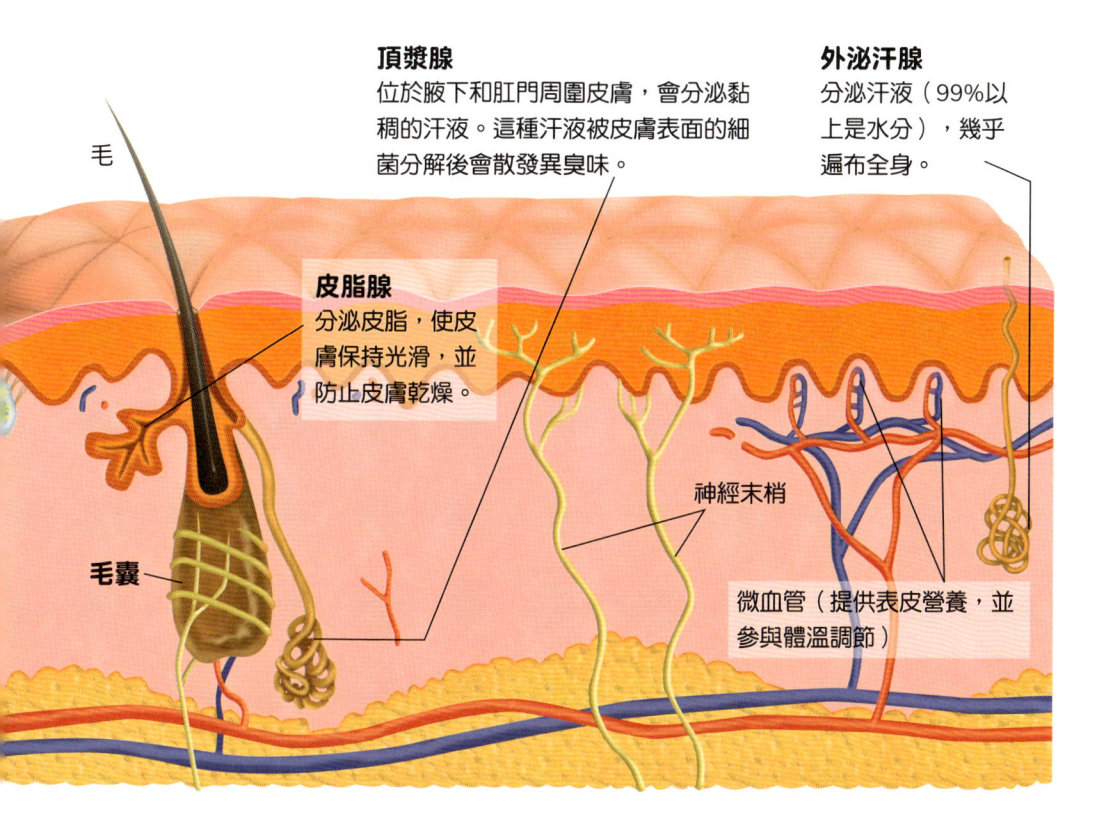

頂漿腺
位於腋下和肛門周圍皮膚，會分泌黏稠的汗液。這種汗液被皮膚表面的細菌分解後會散發異臭味。

外泌汗腺
分泌汗液（99%以上是水分），幾乎遍布全身。

毛

皮脂腺
分泌皮脂，使皮膚保持光滑，並防止皮膚乾燥。

神經末梢

毛囊

微血管（提供表皮營養，並參與體溫調節）

10 臉的顏色是由皮膚表面的微血管形成的

　　皮膚具有保持體溫恆定的功能。

　　皮膚接收到的氣溫訊息會傳送到大腦中的「體溫調節指揮中心」。如果氣溫可能導致體溫上升（即感到炎熱），指揮中心會向全身發出「散熱！」的指令。這樣一來，我們就會流汗。汗液是由真皮與皮下組織之間的「外泌汗腺」[編註1]分泌，並透過皮膚表面的小孔排出體外。汗液蒸發時，會帶走體內的熱能，因此體溫會下降。

　　此外，通往皮膚的血管直徑擴張，流經的血液量增多時，也會促進散熱。此時，流經皮膚表面小血管（微血管）的大量血液顏色會從皮膚透出來，所以皮膚看起來會紅紅的。順帶一提，洗澡後臉變紅也是同樣的原因。

編註1：外泌汗腺不像頂漿腺（第41頁）那樣分泌濃稠油膩的汗水，外泌汗腺分泌的汗水本身並沒有異味，但因為貼身衣物、鞋襪等容易被汗水浸溼，如果穿一整天，很容易滋生細菌，細菌分解蛋白質，就會產生所謂的「汗臭味」。

> **想知道更多**
> 指腹、手掌、腳底等部位有許多動靜脈吻合。

1 骨骼、肌肉、皮膚

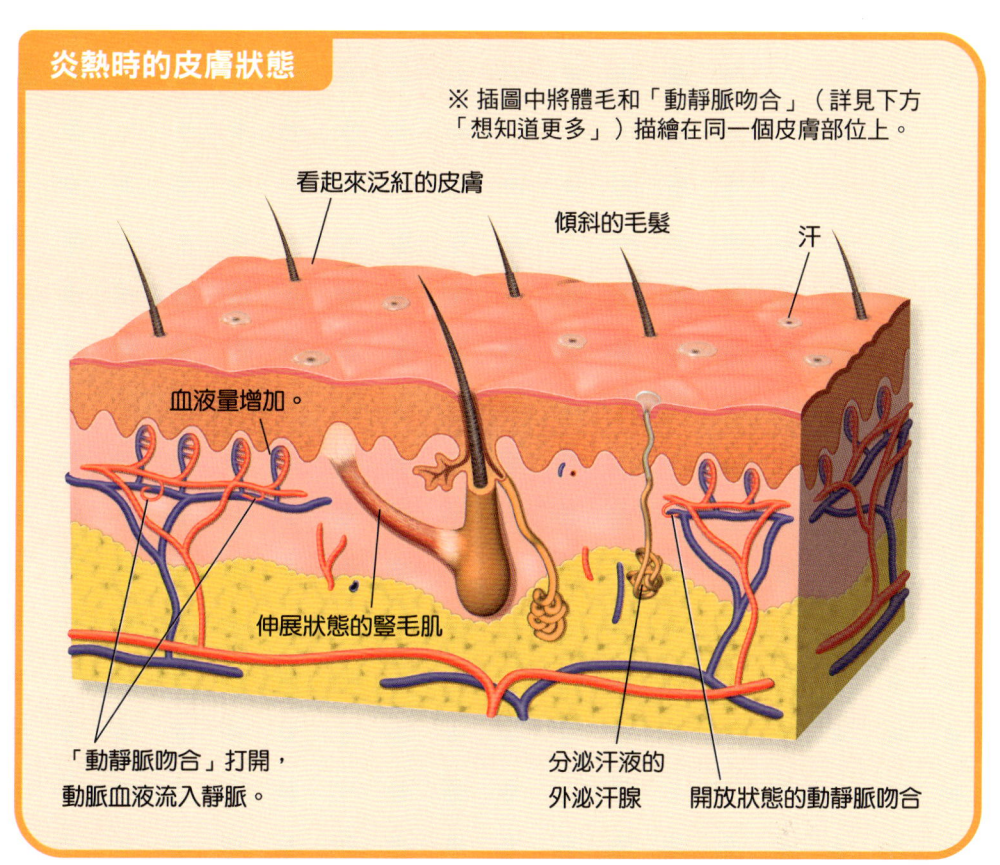

炎熱時的皮膚狀態

※ 插圖中將體毛和「動靜脈吻合」（詳見下方「想知道更多」）描繪在同一個皮膚部位上。

- 看起來泛紅的皮膚
- 傾斜的毛髮
- 汗
- 血液量增加。
- 伸展狀態的豎毛肌
- 「動靜脈吻合」打開，動脈血液流入靜脈。
- 分泌汗液的外泌汗腺
- 開放狀態的動靜脈吻合

動脈和靜脈（→第12頁）經由微血管互相連接。不過，在沒有毛髮的部位，也有許多動脈和靜脈不經過微血管就直接相連的場所，稱為「動靜脈吻合」。

筆記

吃到含有辣椒的辛辣食物時會出汗，是因為接收溫度刺激的舌部神經對辣椒成分產生反應，將「炎熱」的訊息傳送到大腦所致。編註 2

編註 2：辣椒中的辣椒素會刺激味蕾皮膚的痛覺神經纖維，觸發痛覺神經產生灼熱感，讓大腦誤以為體溫上升，因此會自動大量出汗，來幫助身體散熱。

43

11 「雞皮疙瘩」是為了保護身體免受寒冷

　　那麼，當體溫可能下降時（即感到寒冷時），體內會發生什麼事呢？

　　當大腦發出「不要散發身體的熱能！」的指令後，通往皮膚的血管直徑會收縮，流經皮膚的血液量變少。這樣一來就會減少熱能散失。此時，流經皮膚表面微血管的血液量也會減少，因此皮膚會失去紅潤的顏色。

　　此外，在體表也會發生變化。真皮層中的「豎毛肌」會收縮，拉動與其相連的毛髮，使其豎立起來。此時，周圍的皮膚也會被拉緊而形成凹陷，而毛髮正下方的皮膚則會隆起（毛孔閉合）。這就是所謂的「雞皮疙瘩」。人類因為體表的毛髮較少且短，所以看起來不明顯，但體毛較長的動物，因雞皮疙瘩豎起的毛髮會形成較厚的保護層，留住暖空氣，隔絕冷空氣，減少體熱散失。

> **想知道更多**
>
> 聽到恐怖故事時會「感到涼意」，是因為壓力產生雞皮疙瘩，使手腳末端的血液流動減少之故。

寒冷時的皮膚狀態

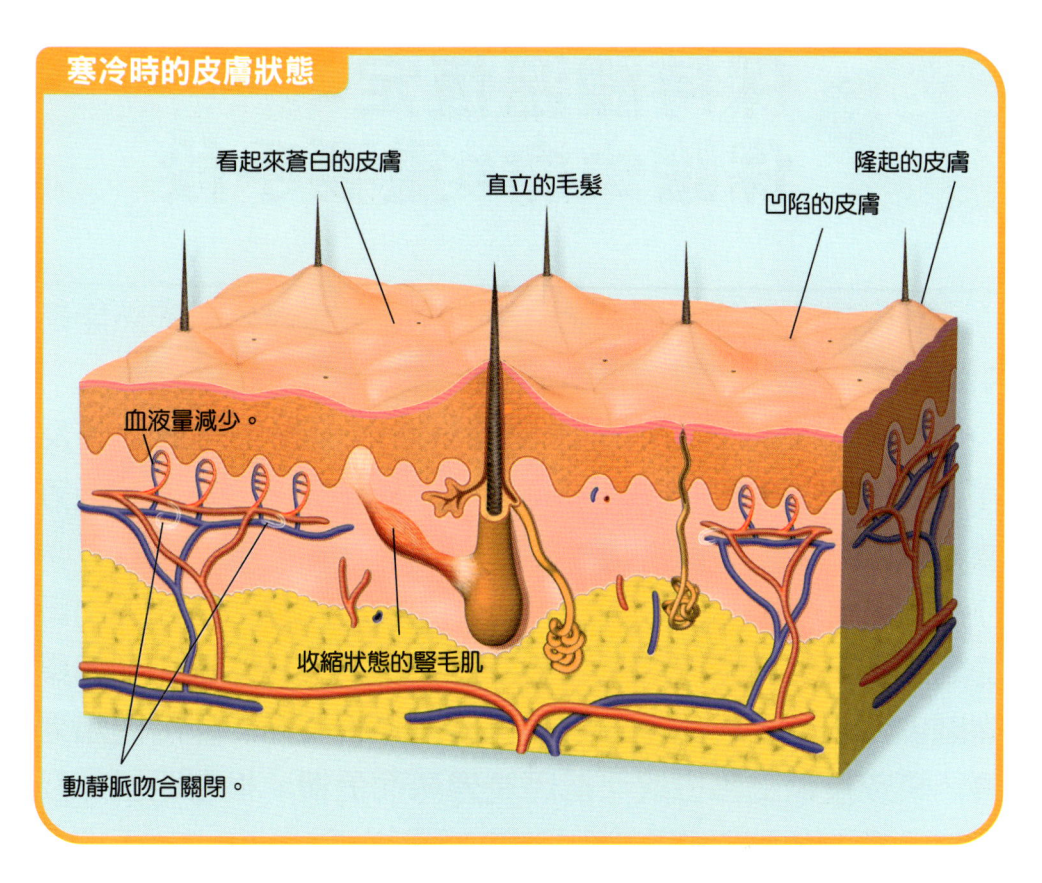

- 看起來蒼白的皮膚
- 直立的毛髮
- 隆起的皮膚
- 凹陷的皮膚
- 血液量減少。
- 收縮狀態的豎毛肌
- 動靜脈吻合關閉。

貓把毛倒豎起來也是因為起雞皮疙瘩的緣故。編註

編註：受到驚嚇或壓力時也會本能地起雞皮疙瘩，毛髮豎立令動物看起來體積更大，以嚇走敵人。

1 骨骼、肌肉、皮膚

45

12 保持體溫恆定是保護生命的重要手段

敏銳的人讀到這裡可能會產生疑問：身體內部的熱能是如何產生的？為什麼必須保持體溫恆定呢？

身體產生體溫的基礎是由於身體內部發生各種化學反應，例如從食物中獲取養分，或將養分轉化為其他物質等等。這些過程稱為「代謝」。

更具體地說，體溫指的是「深層體溫」，即腦部和內臟的溫度，通常維持在37℃左右（不易受到氣溫影響）。如果深層體溫過低，代謝反應會變得困難。相反地，深層體溫過高，構成身體的蛋白質可能因為過熱而受損。換句話說，我們的身體透過保持深層體溫恆定來保護生命。

> **想知道更多**
> 體表溫度會因調節深層體溫而大幅變化（容易受到氣溫影響）。

炎熱（氣溫高）時

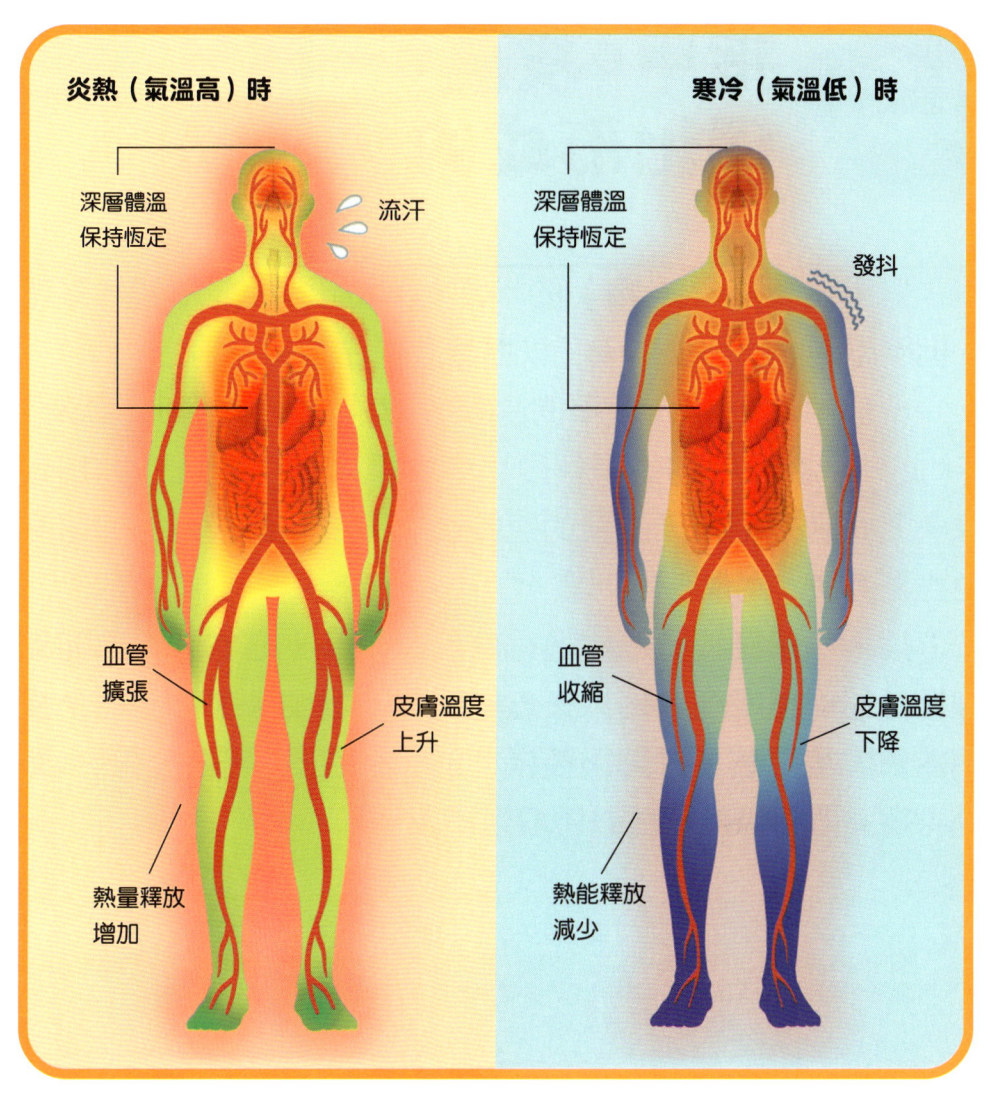

- 深層體溫保持恆定
- 流汗
- 血管擴張
- 皮膚溫度上升
- 熱量釋放增加

寒冷（氣溫低）時

- 深層體溫保持恆定
- 發抖
- 血管收縮
- 皮膚溫度下降
- 熱能釋放減少

※ 血管是示意圖。實際上直徑會變化的是小血管。

筆記

即使靜止不動也會消耗能量，也就是為了生存所需的最低能量，稱為「基礎代謝」。兒童的基礎代謝隨年齡越小而越高，這是因為生長需要大量能量。

1 骨骼、肌肉、皮膚

13 指甲是皮膚的一部分硬化形成的

　　指甲是表皮（皮膚）的一部分硬化形成的。它們會在「指甲母質」的部位生成，以推擠方式往指尖方向生長。

　　一般認為，成人指甲的生長速度平均每天約0.1毫米[編註]。此外，腳趾甲的生長速度比手指甲更慢（每天約0.05毫米）。而且指甲夏天生長的速度比冬天快，白天生長的速度也比晚上快，就像植物一樣。

　　指甲不僅使我們能夠進行精細的操作，它的硬度還能支撐指尖並保護皮膚。如果失去指甲，會發生什麼情況呢？要抓癢會變得困難，打開罐裝果汁的瓶蓋也會變得不容易。此外，指尖可能也無法隨心所欲地使力。

編註：新指甲從母質開始生長到指尖處，需要3～6個月，而腳趾甲則需要12～18個月。實際的生長速率取決於年齡、性別、季節、飲食及遺傳等因素。人死後指甲不會繼續生長，但因皮膚脫水並緊縮，使得指甲（及頭髮）看起來好像仍在生長。

想知道更多
當指甲母質受到強烈擠壓時，有時指甲上會出現白點。

1 骨骼、肌肉、皮膚

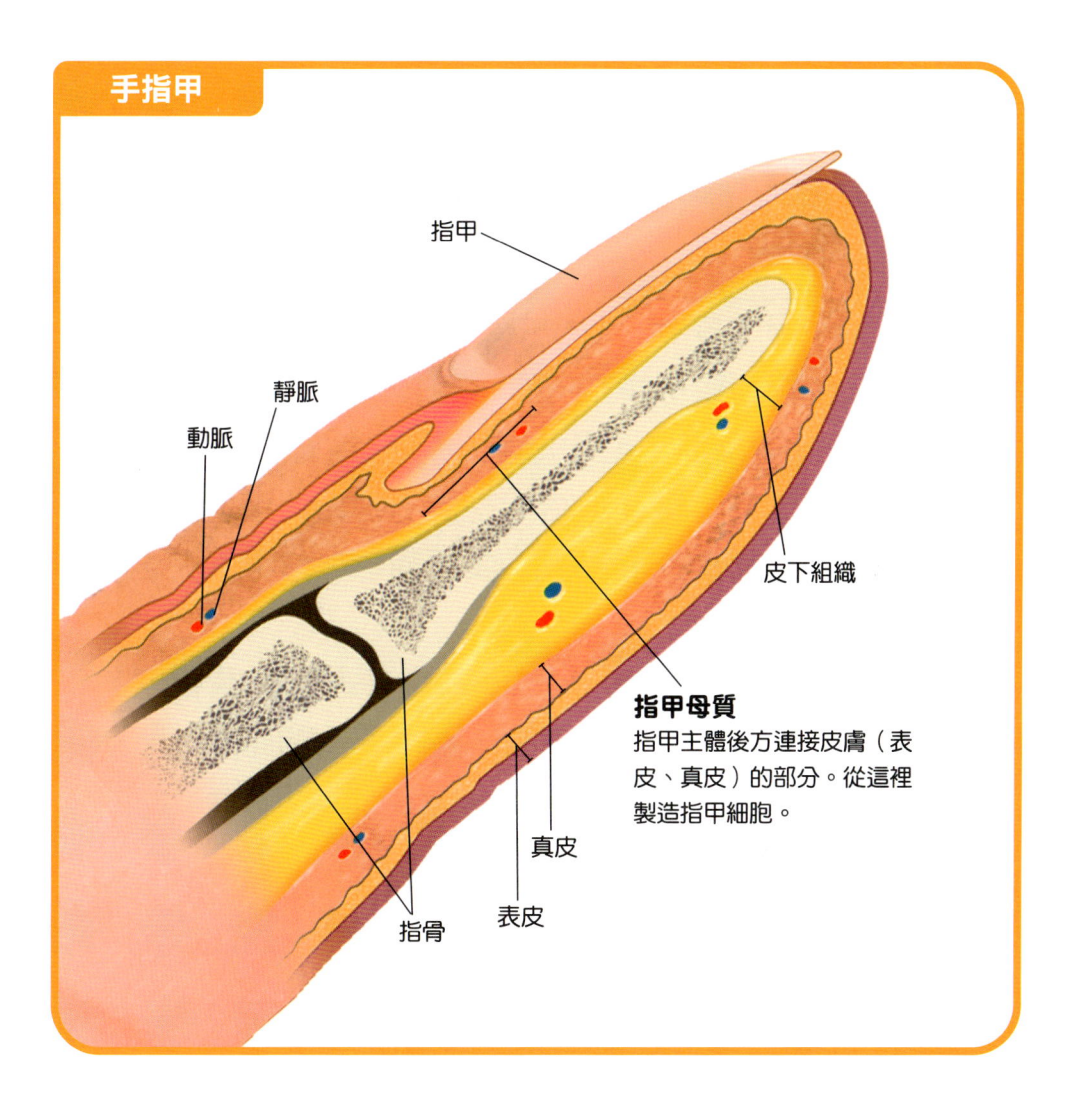

手指甲

- 指甲
- 靜脈
- 動脈
- 皮下組織
- 指甲母質
  指甲主體後方連接皮膚（表皮、真皮）的部分。從這裡製造指甲細胞。
- 真皮
- 表皮
- 指骨

筆記

隨著年齡增長，製造指甲細胞的速度會依照指甲母質的部位而有所不同。因此指甲可能會呈現鋸齒狀和直條紋。

49

14 毛髮和指甲同樣是皮膚的夥伴

　　毛髮和指甲一樣，都是表皮的一部分變形而成的。右頁插圖彙整了人類頭髮的生長過程。毛髮的生長階段稱為「生長期」。在這個時期，毛母細胞在位於毛髮根部的「毛基質」不斷進行分裂。隨後，當毛基質的壽命結束，細胞停止分裂，便進入毛髮生長減緩的「衰退期」，當毛髮完全停止生長，便進入「休止期」。

　　如果不剪頭髮，毛髮將不斷生長。這是因為相對於衰退期和休止期，毛髮的生長期占了絕大部分的時間。一般來說，一根頭髮的壽命是3～6年，其中衰退期和休止期只有幾個月，生長期則是2～6年。

　　由於生長期會隨著年齡增長而變短，因此粗長的毛髮會逐漸減少。如此一來，頭髮整體上就會變得越來越稀疏。

想知道更多

頭髮每個月大約生長1～2公分。

人類頭髮生長週期

1. 生長期
毛母細胞在毛基質頻繁進行細胞分裂，頭髮逐漸生長。

2. 衰退期
毛基質退化，細胞分裂和毛髮生長減緩。

3. 休止期（→）
毛髮從皮膚表面冒出，最終將脫落。

毛基質頻繁進行細胞分裂，新的毛髮逐漸生長。

毛髓質（淺灰色部分）

毛皮質（黑色部分）

毛表皮
包覆毛皮質的外層（深灰色部分）

毛囊
包覆毛髮的部分

皮脂腺

豎毛肌

毛基質（毛母細胞）
毛髮和毛囊細胞的生長區域。

毛乳頭
毛髮從微血管吸取養分。

微血管

毛囊收縮

慢慢從皮膚表面冒出的舊毛髮

掉髮

新長出來的毛髮

接收黑色素（即黑褐色的色素）的毛髮細胞

黑色素細胞

1 骨骼、肌肉、皮膚

15 雖然不顯眼，但指紋是有用的！

表皮上的突起和溝槽所形成的圖案稱為「皮膚紋理」。在人類身上的手掌和腳底等部位可以看到皮膚紋理，尤其是指尖腹側和腳趾尖腹側上的皮膚紋理又稱為「指紋或趾紋」。指紋及掌紋具有「止滑」功能，而且還能使皮膚深處的感覺器官（→第152頁）更敏銳地感受到刺激。

乳牛
牛可以透過鼻子上出現的「鼻紋」來辨識。

> **想知道更多**
> 手掌上的皮膚紋理稱為「掌紋」，腳底的則稱為「足紋」。

1 骨骼、肌肉、皮膚

皮膚紋理是否也存在於其他動物身上呢？舉例來說，大猩猩、黑猩猩和紅毛猩猩等靈長類動物的手掌、腳底和手指上也有皮膚紋理。此外，南美猴類如蜘蛛猴和捲尾猴都擁有靈活抓握東西的尾巴，在尾巴內側也可以看到皮膚紋理。由此可見，在抓握東西的部位更容易出現皮膚紋理。

各種動物的皮膚紋理

紅毛猩猩
紅毛猩猩的手掌與人類相似。

無尾熊
皮膚紋理（指紋）不僅存在於靈長類動物，也會出現在無尾熊的手腳上。

下課時間

為什麼大腦和胃不會發癢？

　　疼痛和發癢都是身體警示異常的訊號。「疼痛」讓身體不便於移動，以防止身體狀況惡化（如發炎或受傷）。另一方面，「發癢」是透過抓癢這個動作，讓附著在身體上的異物（如灰塵或毒素）離開我們身體的反應。

　　發癢只會出現在皮膚、眼睛、嘴巴，以及喉嚨黏膜（表面覆蓋著黏液的柔軟的膜）等部分位置。而且發癢是由皮膚釋放「造成發癢的物質」刺激皮膚神經所產生的感覺，因此不會出現「大腦發癢！」「胃發癢！」等情況。

第 **2** 節課

血液的
流動、呼吸、免疫

當我們受傷時傷口會流血,但經過一段時間後,血液會自然凝固停止流出。而杯子裡的水在室溫下卻不會凝固,這真是奇妙啊。在第二節課中,我們將重點探討這些血液的奧祕與功能。

受傷流血別慌張,
包紮止血或去看
醫生!

01　人體內的血管總長度可繞地球 2 圈半

　　右頁插圖中看到的不是裝在機器人體內的電纜，而是人類主要的血管（上色後的樣子）。如果將我們全身的血管都連接起來，竟然長達9.6萬公里。而地球周長約為4萬公里，也就是說人體血管總長度約可繞地球兩圈半，夠驚人吧！

　　那麼，通過血管的血液會經歷怎樣的旅程呢？在肺部獲得氧氣的血液首先被送往心臟，然後從心臟輸送到全身各個角落，之後再次回到心臟。回到心臟的血液會從不同的血管再次流向肺部。 編註

　　順帶一提，人體全身的血液量大約占體重的8%。例如，一個人體重若為30公斤，那麼大約有2.4公升的血液。據說如果失去其中25%（體重若為30公斤，則為600毫升）的話，就可能會有生命危險。

編註：從心臟動脈輸往全身的血液含有大量氧氣，呈鮮紅色；當氧氣輸送完畢，由靜脈回到心臟的血液含二氧化碳，呈暗紅色，會再次流向肺部去排出二氧化碳並補充氧氣。

> **想知道更多**
>
> 人類的血液是紅色的，而「中華鱟」的血液（含銅離子）則是藍色的。

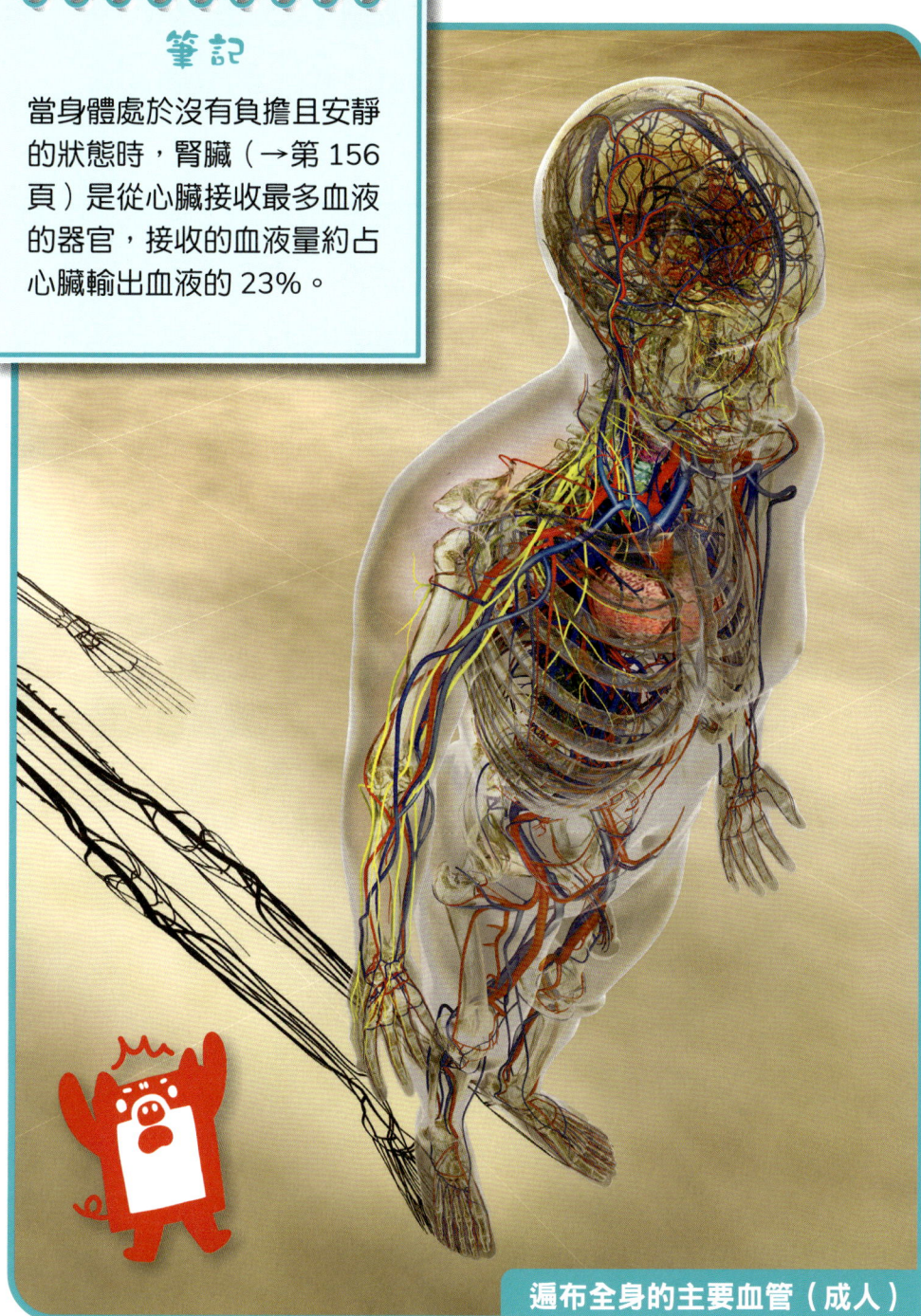

筆記

當身體處於沒有負擔且安靜的狀態時,腎臟(→第156頁)是從心臟接收最多血液的器官,接收的血液量約占心臟輸出血液的23%。

遍布全身的主要血管(成人)

02 血液循環中通往全身的動脈與返回心臟的靜脈

　　從心臟輸出的血液所通過的粗大血管稱為「動脈」。動脈由內膜、中膜和外膜三層組織所構成。由於要承受巨大的壓力（血液對血管壁的推力），因此動脈具有堅韌且柔軟的結構。

　　隨著動脈逐漸接近身體末端，它會不斷分枝並變細，這些細小的血管稱為「微血管」。微血管遍布全身各處，將血液中攜帶的氧氣和養分傳送到細胞，同時從細胞中接收二氧化碳和老舊廢棄物。

　　接著微血管開始匯集，重新連接回粗大血管。這些從全身返回心臟的血管稱為「靜脈」。大家可以看看自己的手或大腿，能看到一些藍色的血管吧，這些就是靜脈。靜脈同樣由三層組織所構成，但它的中膜不像動脈那樣厚。

想知道更多

靜脈實際上是灰色的，但由於周圍皮膚的顏色產生視覺錯覺，所以看起來是藍色的。

全身的血管

靜脈（↓）
為了防止血液逆流，靜脈到處設有「瓣膜」。流動的血液含有二氧化碳，呈現暗紫色。

- 瓣膜
- 內膜
- 中膜
- 外膜

微血管
僅有內皮細胞的管壁（相當於動脈和靜脈的內膜）。與動脈和靜脈相比，血液流動得非常緩慢。

- 由內皮細胞構成

動脈
中膜較厚，藉由「彈性膜」這種纖維束補足強度。流動的血液含有大量氧氣，呈現鮮紅色。

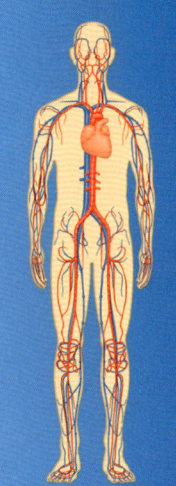

- 內膜
- 內彈性膜
- 中膜
- 外彈性膜
- 外膜

- 腦
- 肺臟
- 靜脈
- 動脈
- 心臟
- 肝臟
- 胃
- 微血管
- 腸

血管中動脈以紅色表示，靜脈以藍色表示（插圖中僅畫出全身血管的一部分）。

2 血液的流動、呼吸、免疫

59

03 在血液中發揮作用的明星

血液是一個統稱,實際上是由各種「成員」組成。例如「血漿」占血液體積的一半以上。血漿主要成分是水,但也包含了養分、激素等重要物質。此外,血漿還負責運輸老舊廢棄物。

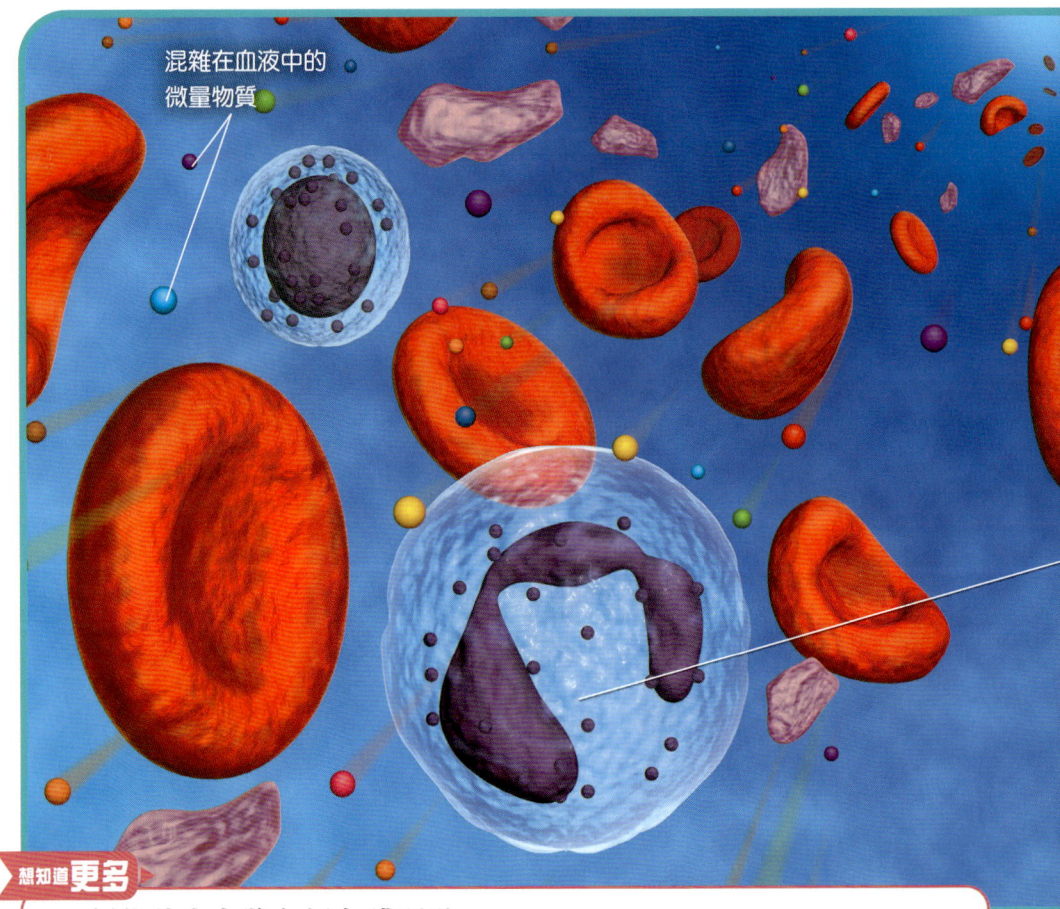

混雜在血液中的微量物質

想知道更多
二氧化碳由血漿和紅血球運送。

2 血液的流動、呼吸、免疫

負責運送氧氣的是「紅血球」。血液之所以呈現紅色，是因為紅血球中的「血紅素」與氧氣結合所致。除此之外，血液中還有「白血球」負責消滅入侵體內的異物，以及負責止血的「血小板」。

由於這些對我們的生存來說是不可或缺的，因此血液有時被稱為「流動的器官」。此外，由於血液在全身循環，身體各部位的不同物質會混入血液之中，因此分析血液的話，就能了解身體的健康狀況。

血小板
大小約0.002毫米。容易互相附著，扮演止血的角色。

紅血球
直徑約0.007～0.008毫米，厚度約0.002毫米。可以變形通過細小的微血管。

血漿
帶有黃色的液體成分（此處以藍色表示）。裡面含有血纖維蛋白原。

註：白血球中的「嗜中性球」直徑為0.012～0.015毫米，「淋巴球」直徑為0.009～0.018毫米，巨噬細胞直徑為0.021毫米。

止血的機制

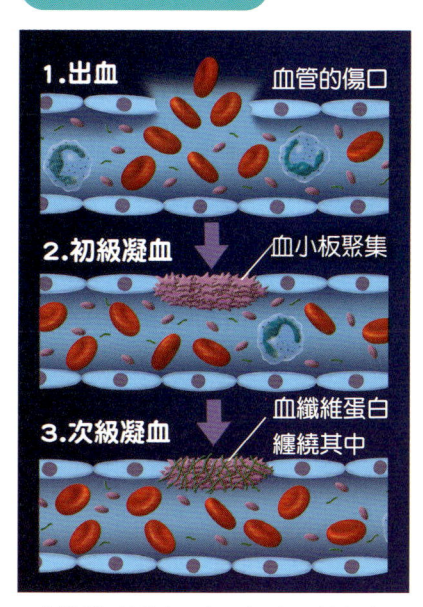

1. 出血 — 血管的傷口
2. 初級凝血 — 血小板聚集
3. 次級凝血 — 血纖維蛋白纏繞其中

血管壁破裂時，血小板會覆蓋在上面。然後透過血纖維蛋白（由血纖維蛋白原形成的絲狀物質）使凝血更為堅固，進而堵住傷口，使血液停止流出。

61

04 紅血球、白血球和血小板都是由造血幹細胞製造的

血液從骨髓流向全身的旅程

※ 此處描繪的只是其中一部分，實際上分化過程經歷了更多階段。

前一單元提到的血液成分都是由「造血幹細胞」製造的。造血幹細胞大量存在於骨頭中的骨髓（→第24頁）這種柔軟組織裡。

造血幹細胞透過分裂來增加數量，有些細胞會變成紅血球細胞，有些細胞會變成白血球細胞，像這樣轉變成不同功能的細胞，這個過程稱為細胞的「分化」。在骨髓中經過分化的成熟紅血球、白血球和血小板，會進入骨髓中的微血管，然後開始它們流向全身的旅程。

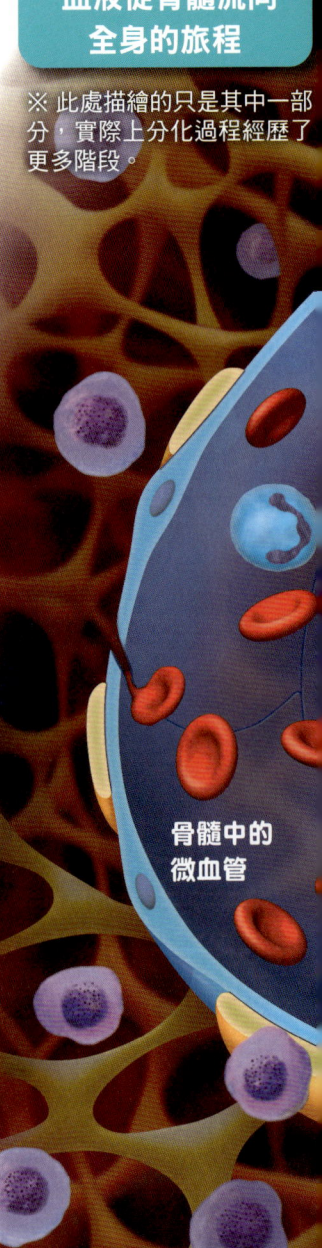

骨髓中的微血管

想知道更多
死亡的紅血球和血小板會在脾臟（→第 77 頁）等器官中被清除。

2 血液的流動、呼吸、免疫

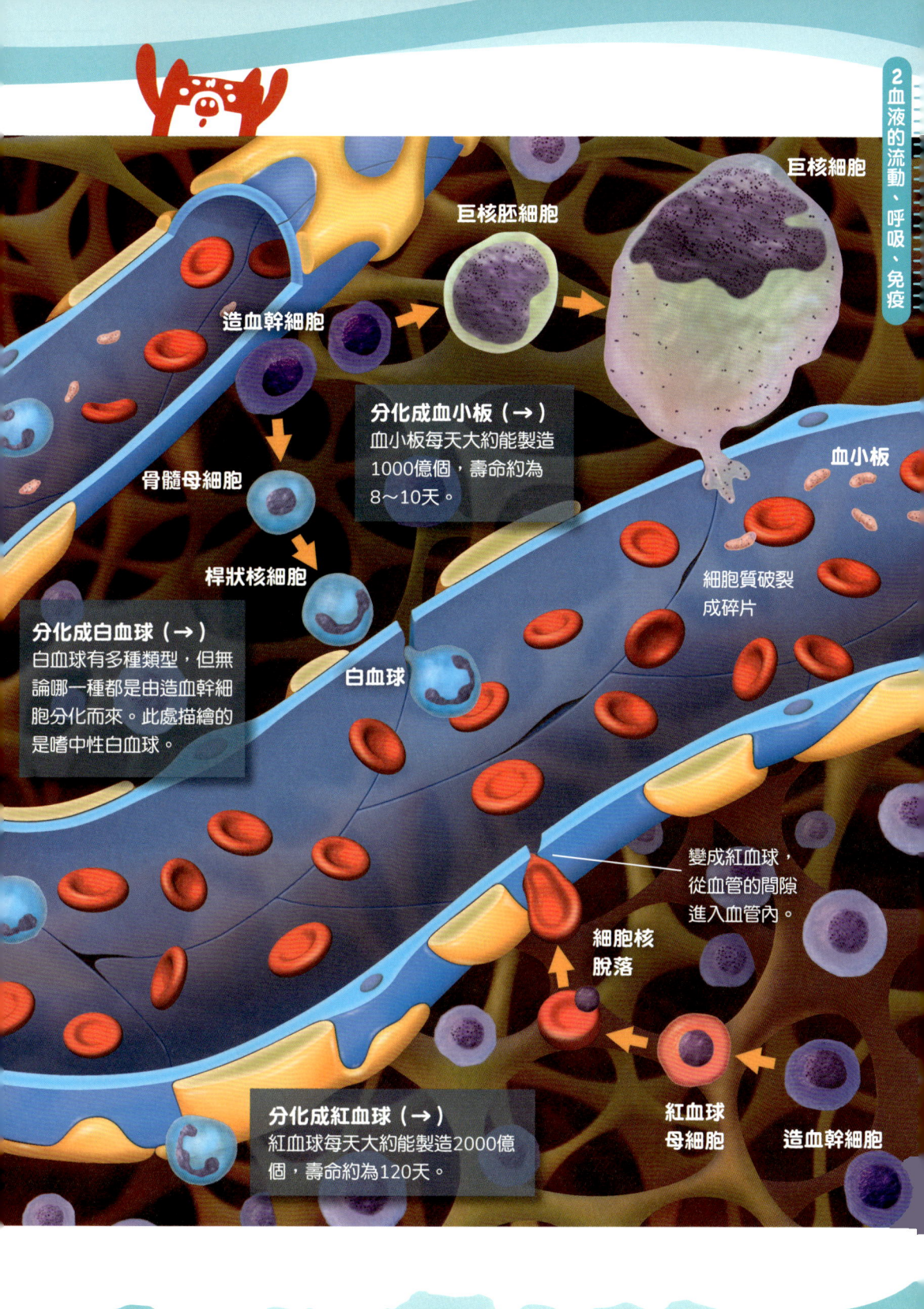

巨核細胞

巨核胚細胞

造血幹細胞

骨髓母細胞

桿狀核細胞

分化成血小板（→）
血小板每天大約能製造1000億個，壽命約為8～10天。

血小板

細胞質破裂成碎片

分化成白血球（→）
白血球有多種類型，但無論哪一種都是由造血幹細胞分化而來。此處描繪的是嗜中性白血球。

白血球

變成紅血球，從血管的間隙進入血管內。

細胞核脫落

紅血球母細胞

造血幹細胞

分化成紅血球（→）
紅血球每天大約能製造2000億個，壽命約為120天。

63

05 在肺部大顯身手的「葡萄串」

那麼，紅血球運送的氧氣究竟來自哪裡？此外，紅血球和血漿吸收的二氧化碳又是在哪裡排出呢？

答案是「肺部」。從鼻子或嘴巴吸入的空氣會通過「氣管」和「支氣管」進入肺部深處。在肺部深處的支氣管末端具有葡萄串般的結構，稱為「肺泡」^{編註}。氧氣的吸收和二氧化碳的排出就是在這些肺泡中進行的（這個過程稱為「氣體交換」）。

氣體交換是指利用「擴散」這種現象，使氣體從濃度較高的地方自然地移動到濃度較低的地方。由於肺泡內氧氣濃度高，因此氧氣會從肺泡移動到血液中（微血管）。相反地，由於血液中二氧化碳濃度高，所以二氧化碳會從血液中（微血管）移動到肺泡。

編註：成人的平均肺泡數量為 4.8 億個，提供 70～80 平方公尺（約 20 坪）的氣體交換總表面積。

> **想知道更多**
> 肺泡的形狀使其在有限空間內，最大限度地增加了與空氣接觸的表面積。

氣管
氣管軟骨
支氣管
（左主支氣管）

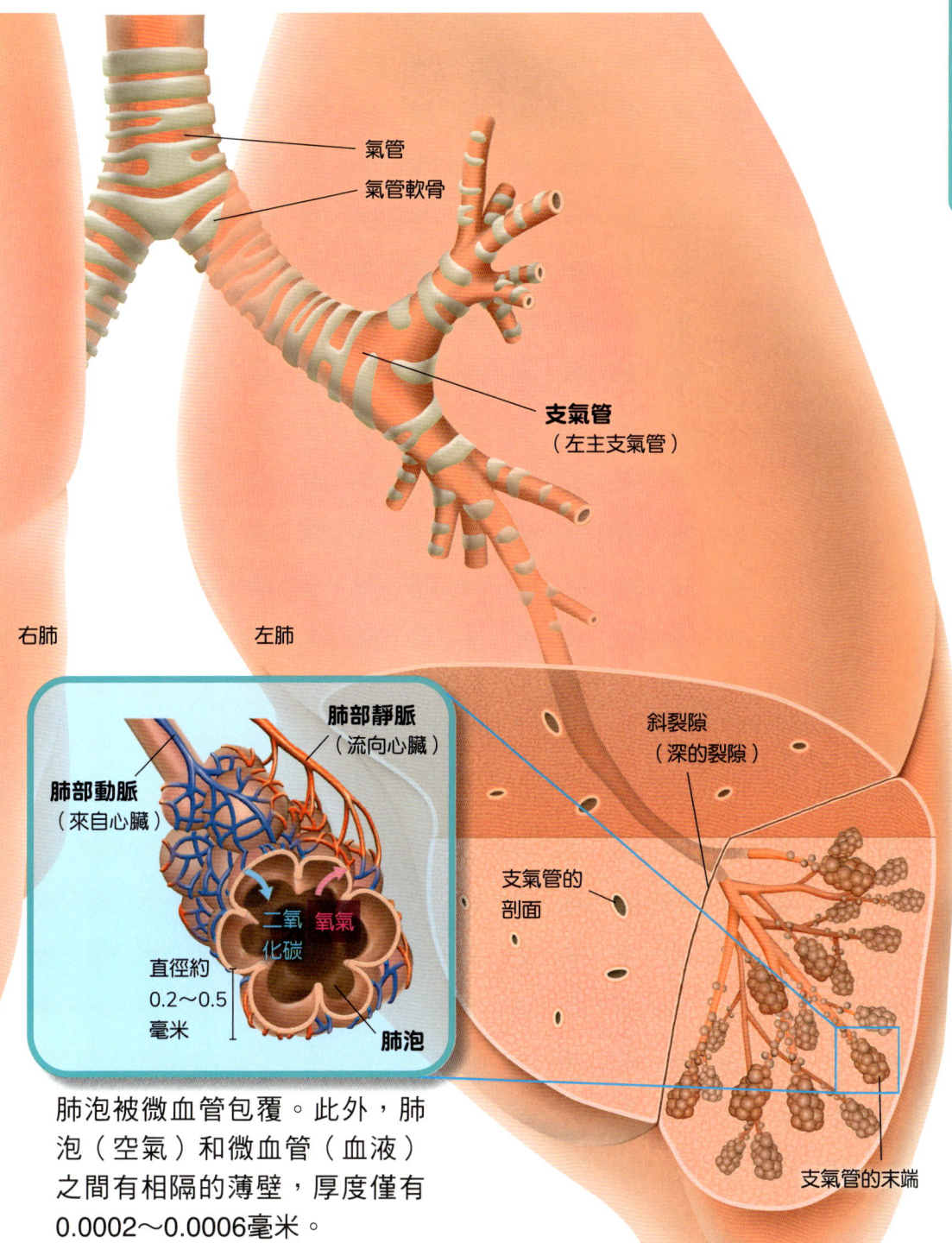

右肺　　左肺

肺部靜脈
（流向心臟）
肺部動脈
（來自心臟）
二氧化碳
氧氣
直徑約
0.2～0.5
毫米
肺泡

斜裂隙
（深的裂隙）

支氣管的剖面

支氣管的末端

肺泡被微血管包覆。此外，肺泡（空氣）和微血管（血液）之間有相隔的薄壁，厚度僅有0.0002～0.0006毫米。

2 血液的流動、呼吸、免疫

65

06 肺部本身無法吸入空氣

雖然在肺部進行氣體交換，但實際上肺部本身並沒有吸入空氣的能力。那麼，氣體交換是如何進行的呢？

當我們吸氣時，會將包圍肺部的骨骼（如肋骨和胸椎※），以及位於肺部下方的肌肉（如肋間肌和橫膈膜）所構成

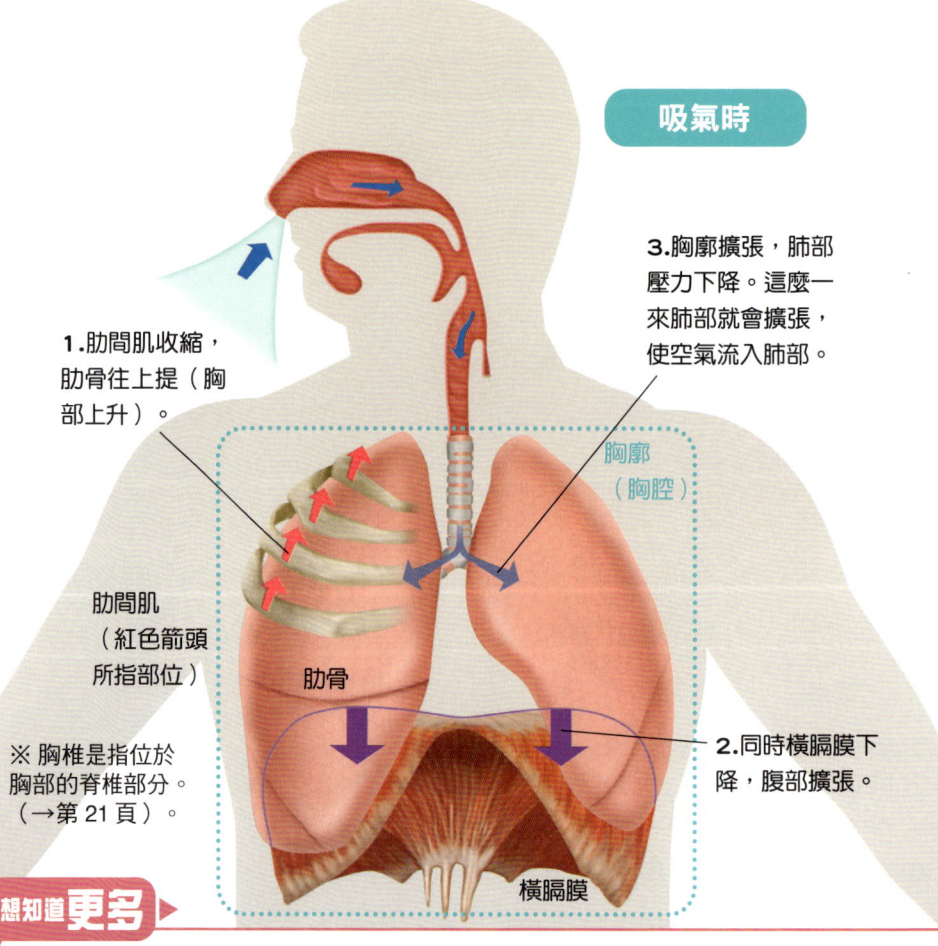

吸氣時

1. 肋間肌收縮，肋骨往上提（胸部上升）。

2. 同時橫膈膜下降，腹部擴張。

3. 胸廓擴張，肺部壓力下降。這麼一來肺部就會擴張，使空氣流入肺部。

胸廓（胸腔）

肋間肌（紅色箭頭所指部位）

肋骨

橫膈膜

※ 胸椎是指位於胸部的脊椎部分。（→第 21 頁）。

想知道更多

當身體處於無負擔且安靜狀態時，健康成人的呼吸次數約為每分鐘 12～15 次。

66

的「胸腔」變大，使肺部擴張。相反地，當我們吐氣時，肺部會透過要恢復到原本大小的回縮力量，將空氣擠壓出去。換句話說，肺部就像氣球一樣，是透過空氣的進出來伸縮變化的器官。

順帶一提，每次呼吸進出的空氣量，成人約為500毫升，也就是一瓶標準寶特瓶的容量（小學生則約為300毫升，相當於一罐標準罐裝可樂的容量）。

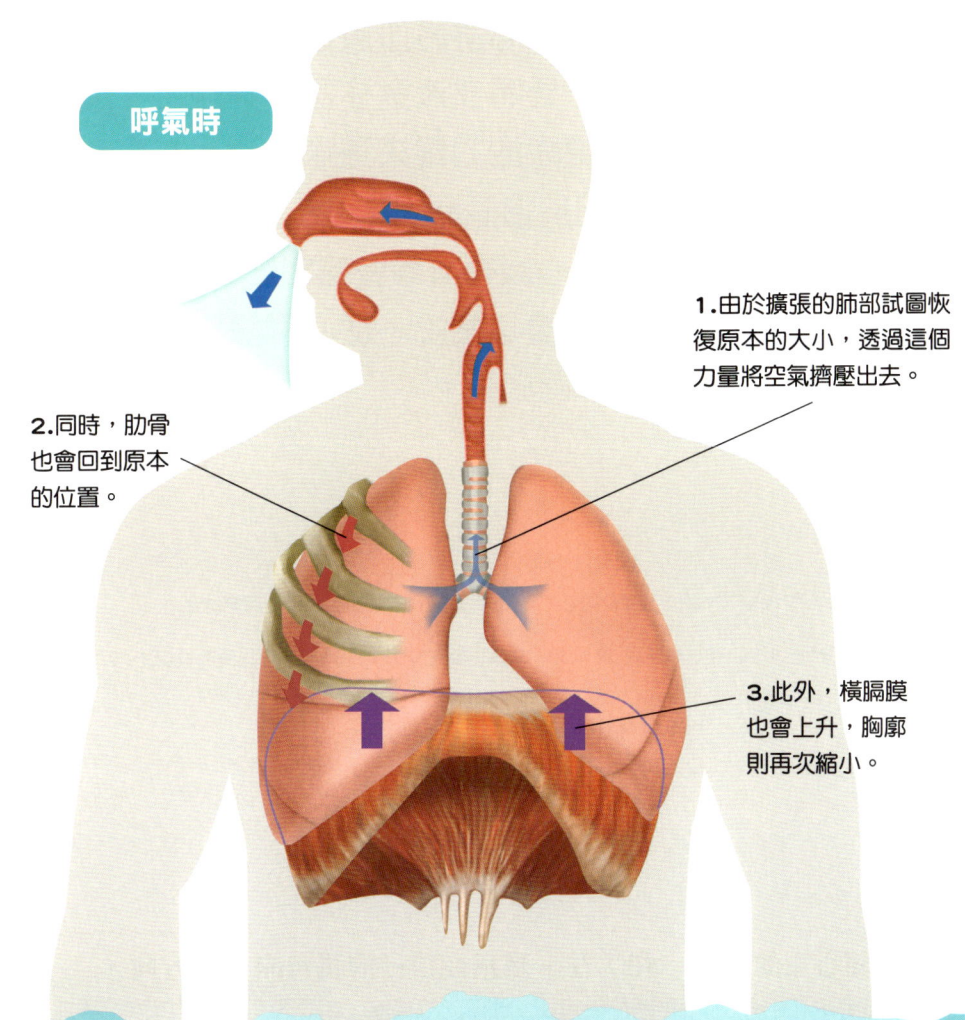

鋁罐要丟到回收桶！

呼氣時

1. 由於擴張的肺部試圖恢復原本的大小，透過這個力量將空氣擠壓出去。

2. 同時，肋骨也會回到原本的位置。

3. 此外，橫膈膜也會上升，胸廓則再次縮小。

07 血液在一分鐘內循環全身

心臟如右頁插圖所示，分為四個腔室編註1。在肺部獲取氧氣的血液會進入「左心房」，並由「左心室」將血液送往全身。另一方面，插圖左側的「右心房」是全身血液回到心臟的腔室，「右心室」則是將血液送往肺部的腔室。

由於肺部緊鄰心臟，右心室將血液送出時不需要太大的力量。相較之下，左心室要將血液送往頭頂與腳尖，進行全身大循環，因此必須用更大的力量來運送血液。左心室壁比右心室的還要厚，也是出於這個原因。

成人在安靜狀態時，心臟每分鐘會輸出約5公升的血液，這與全身的血液量相同。換句話說，從心臟送出的血液，在一分鐘內會循環全身並返回心臟。編註2

編註 1：成人心臟約 12X8X6 公分，質量約 250～350 公克，職業運動員的心臟略大些。
編註 2：成人主動脈血流的平均秒速約 22 公分，末端的微血管血流平均秒速則只有約 0.05～0.1 公分。

想知道更多
心房和心室的「右」和「左」是指從自己的視角來看的方向。

正面視角的心臟（剖面）

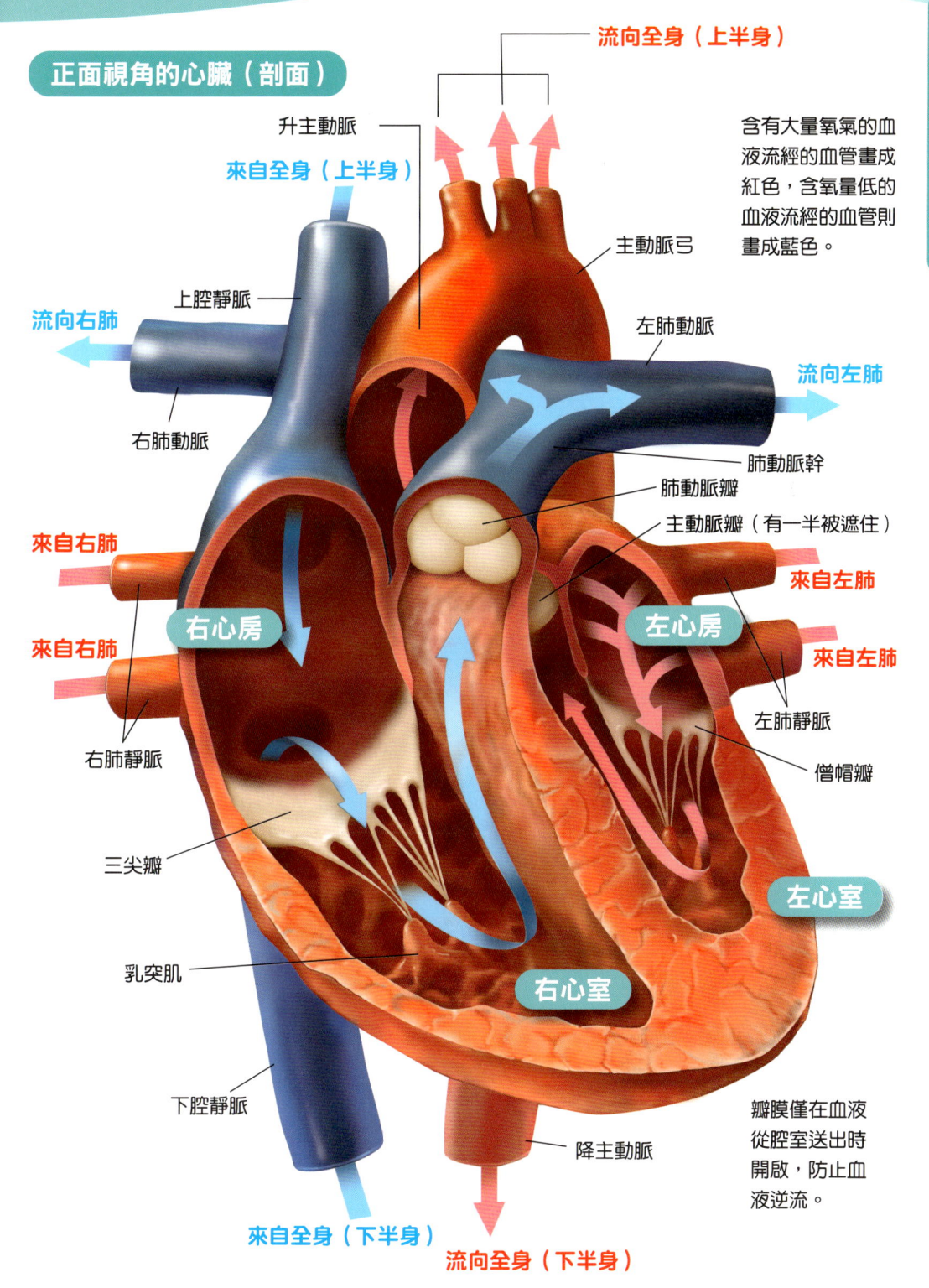

含有大量氧氣的血液流經的血管畫成紅色，含氧量低的血液流經的血管則畫成藍色。

- 流向全身（上半身）
- 升主動脈
- 來自全身（上半身）
- 主動脈弓
- 上腔靜脈
- 流向右肺
- 左肺動脈
- 右肺動脈
- 流向左肺
- 肺動脈幹
- 肺動脈瓣
- 來自右肺
- 主動脈瓣（有一半被遮住）
- 來自左肺
- 右心房
- 左心房
- 來自右肺
- 來自左肺
- 右肺靜脈
- 左肺靜脈
- 僧帽瓣
- 三尖瓣
- 左心室
- 乳突肌
- 右心室
- 下腔靜脈
- 降主動脈
- 來自全身（下半身）
- 流向全身（下半身）

瓣膜僅在血液從腔室送出時開啟，防止血液逆流。

2 血液的流動、呼吸、免疫

08 「撲通」是瓣膜開闔時發出的聲音

　　心臟每分鐘收縮和擴張（跳動）的次數稱為「心跳率」（簡稱心率）。以成人來說，心跳率是每分鐘60～80次，小學生的心跳率則是每分鐘80～90次。換句話說，成人的心臟以每秒大約一次的節奏跳動。

　　將耳朵貼近別人胸口時，可以聽到「撲通」的心跳聲。這是前一單元提到的「瓣膜」在開闔時發出的聲音。心臟的聲音（心音）可以細分為4種聲音^{編註}，其中聲音最大的是「Ⅰ音（第1心音）」和「Ⅱ音（第2心音）」。Ⅰ音是心房瓣膜閉合時發出的聲音，Ⅱ音則是心室瓣膜閉合時發出的聲音，Ⅱ音比Ⅰ音更強且音調更高。如果瓣膜無法正常閉合或通道變窄，心音中就會混入「嘩啦嘩啦」或「咕嘟咕嘟」等雜音（心雜音）。

編註：Ⅲ音發生於主要心音（Ⅰ音與Ⅱ音）之後，是血流速度發生改變引起的低頻率短暫振動。Ⅳ音發生於主要心音之前，是由於心房收縮，血流快速充盈心室所引起的振動。

想知道更多
醫生有時會使用聽診器來聽取心雜音，以判斷瓣膜是否異常。

心跳週期

2. 等容收縮期
心室壁開始收縮，心室內的血液壓力升高，導致心房出口的瓣膜關閉。

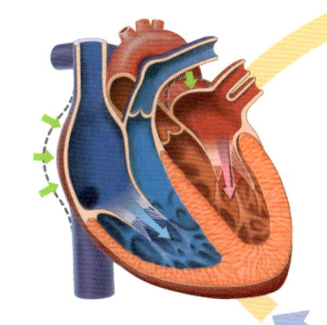

3. 心室射出期
心室壁收縮，將血液從心臟向外射出。

心室內的壓力升高。

心室出口的瓣膜打開。

1. 心房收縮期
心房肌肉收縮，將血液送入心室。

5. 心室充盈期
心房出口的瓣膜打開，血液逐漸流入心室。

4. 等容舒張期
心室肌肉開始舒張，心室內的壓力降低，使心室出口的瓣膜關閉。

這是將一次心跳分成各個階段來描繪的示意圖。有規律地反覆這個循環週期，就能使血液穩定輸送。

心音強度的變化

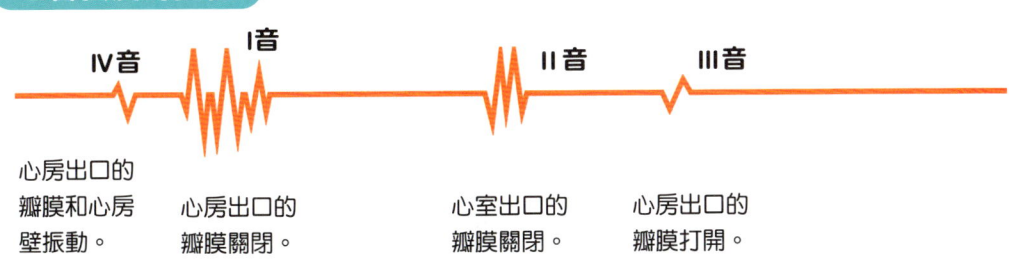

IV音　　I音　　　　　II音　　III音

心房出口的瓣膜和心房壁振動。

心房出口的瓣膜關閉。

心室出口的瓣膜關閉。

心房出口的瓣膜打開。

2 血液的流動、呼吸、免疫

71

09 免疫系統是保護身體的守衛隊！

在第二節課的最後，我們來談談「免疫」。在我們周圍存在著肉眼看不見的病原體（如細菌、病毒）和過敏原（例如花粉等引起過敏的物質）。免疫系統就是保護我們身體免受這些物質侵害的機制。

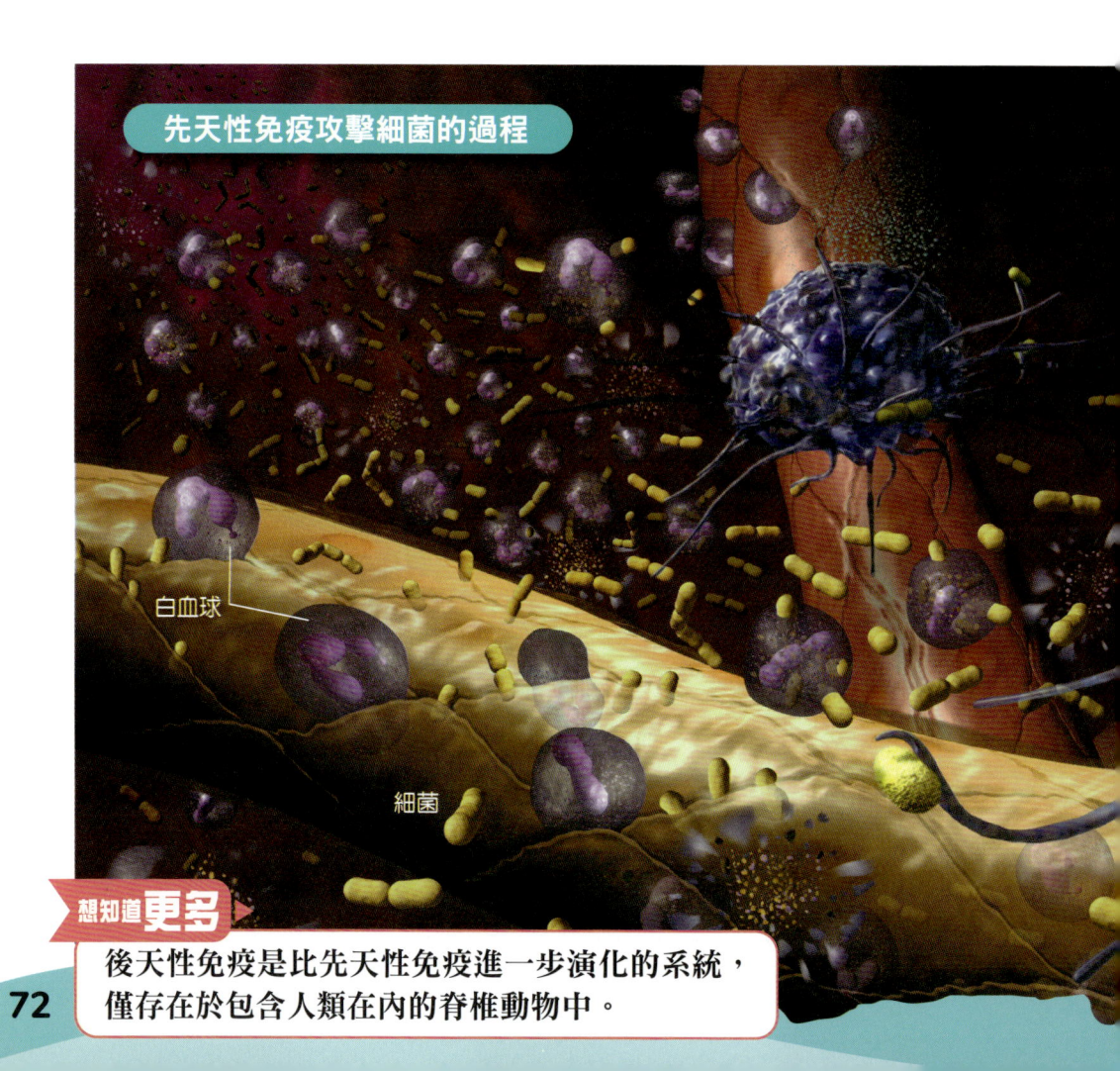

先天性免疫攻擊細菌的過程

白血球

細菌

想知道更多
後天性免疫是比先天性免疫進一步演化的系統，僅存在於包含人類在內的脊椎動物中。

負責免疫的「免疫系統」能夠辨別進入體內的物質是否為異物，如果是異物，就會試圖將其排除。換句話說，免疫系統就像是保護城堡和城主安全的守衛隊。

免疫系統透過雙重機制來防止異物入侵。第一道防線是活躍於皮膚和黏膜的「先天性免疫」，大部分的異物會在這裡被清除。第二道防線是「後天性免疫」，它能夠攻擊那些突破先天系免疫並進入體內的異物。此外，昆蟲、章魚和烏賊等無脊椎動物則僅依賴先天性免疫來進行防禦。

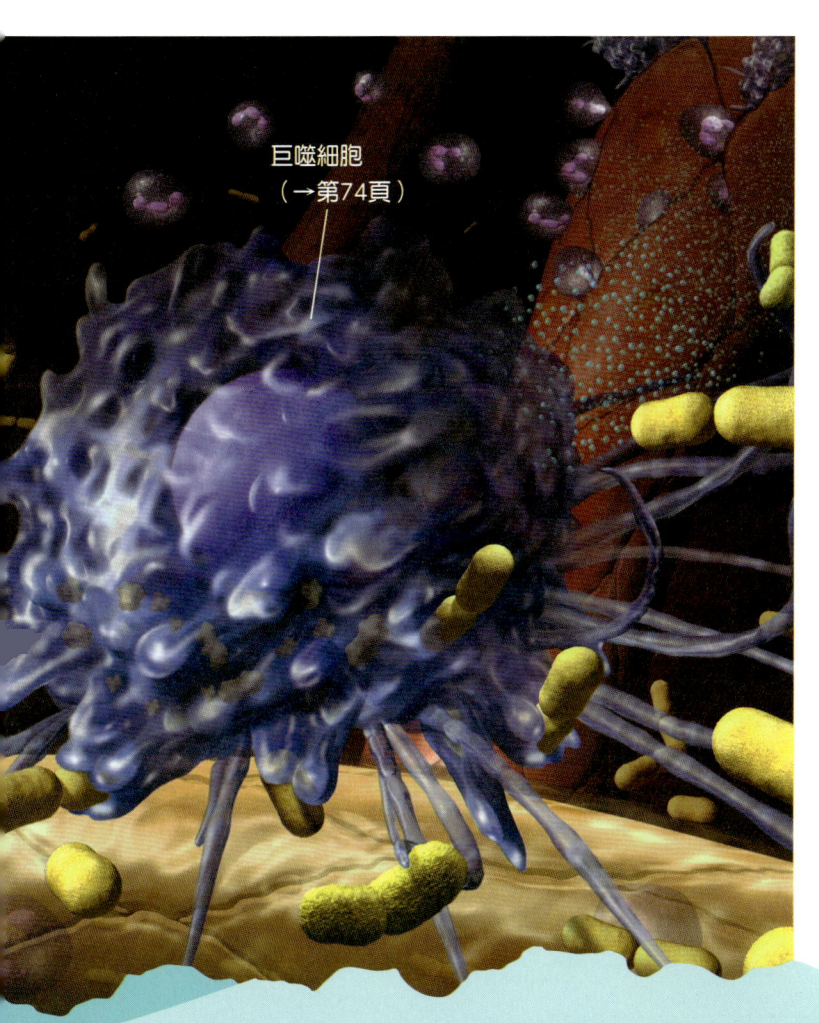

巨噬細胞
（→第74頁）

10 免疫細胞透過團隊合作與異物作戰

　　右頁插圖描繪了與異物作戰的各種「免疫細胞」。在此要以病毒進入體內時的情況為例，介紹它們的作用。

　　在先天性免疫中發揮作用的有「自然殺手細胞（NK細胞）」、「嗜中性白血球」、「樹突細胞」和「巨噬細胞」等細胞。當這些細胞發現異物時，便會開始攻擊，將其吞噬並摧毀。出現發燒或喉嚨腫痛等症狀，正是這種攻擊的結果造成的。

　　即便如此，仍未能完全阻擋的病毒會進入體內的細胞，成為「病毒複製工廠」。此時，樹突細胞和巨噬細胞會召喚同伴，而在此（透過後天性免疫[編註]）發揮作用的就是「B細胞」、「胞毒T細胞」和「輔助T細胞」等。由於這些激烈的攻擊，病毒無法進一步擴散，最終將從體內消失。

編註：「疫苗接種」可獲得後天性免疫，透過皮下注射進入體內的減毒或滅活等各類疫苗，只會引起針對抗原的初級反應，但不會引起疾病症狀。藉由免疫系統對外來物的辨認，進行抗體的篩選和製造，以產生對抗該病原或相似病原的抗體，獲得抵抗病原的免疫力，或對該疾病具有較強的抵抗力。

想知道更多

右頁繪製的所有免疫細胞都是白血球的一種（→第61頁）。

與病原體作戰的「免疫細胞」

先天性免疫

NK細胞
破壞被病毒感染的細胞等。

嗜中性白血球
吞噬細菌和病毒並將其破壞。

樹突細胞
吞噬異物，並將其訊息傳遞給輔助T細胞。

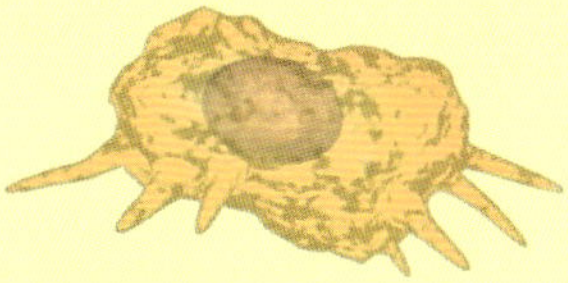

巨噬細胞
吞噬異物，並將其訊息傳遞給輔助T細胞。

嗜酸性白血球
攻擊寄生蟲等大型異物。

後天性免疫

輔助T細胞
向B細胞和胞毒T細胞發出攻擊指令。

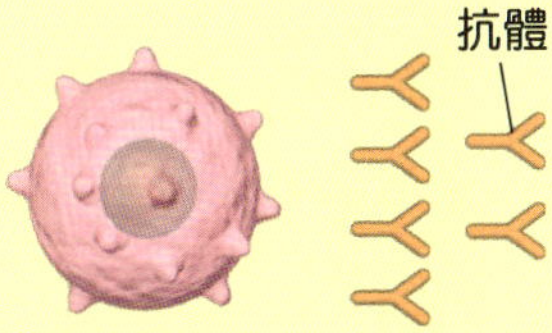

抗體

調節T細胞
當異物被排除時，終止免疫反應。

胞毒T細胞
攻擊並破壞被病毒感染的細胞。

B細胞
釋放「抗體」來消除異物。部分B細胞會記憶所製造的抗體，以備下次相同異物入侵時快速反應。

筆記

人們常說「免疫力下降」，所謂的「免疫力」，可以說是免疫細胞的能力與人的體力、精力等結合起來的「對抗病原體的綜合能力」。

11 免疫細胞在淋巴結中等待病原體的到來

　　免疫細胞會隨著血液和「淋巴液」在全身巡邏，但通常大多數會聚集在腸道和淋巴結中。

　　全身除了血管之外，還有「淋巴管」遍佈各處。在淋巴管內流動的就是淋巴液。血漿從微血管滲出到組織間成為組織液，流入淋巴管後就形成淋巴液，液體呈淡黃色。淋巴液的主要功能是運送細胞排出的老舊廢棄物和多餘的水分。

　　淋巴管中有像蠶豆大小的器官，稱為「淋巴結」。人體內大約有450個淋巴結，它們負責過濾隨著淋巴液進入的不必要物質。如果淋巴液中含有病原體（異物），在淋巴結中等待的巨噬細胞等免疫細胞就會吞噬、破壞它們。

我會吞噬甜甜圈……

想知道更多
血液在全身循環，而淋巴液則流向靠近心臟的靜脈。

2 血液的流動、呼吸、免疫

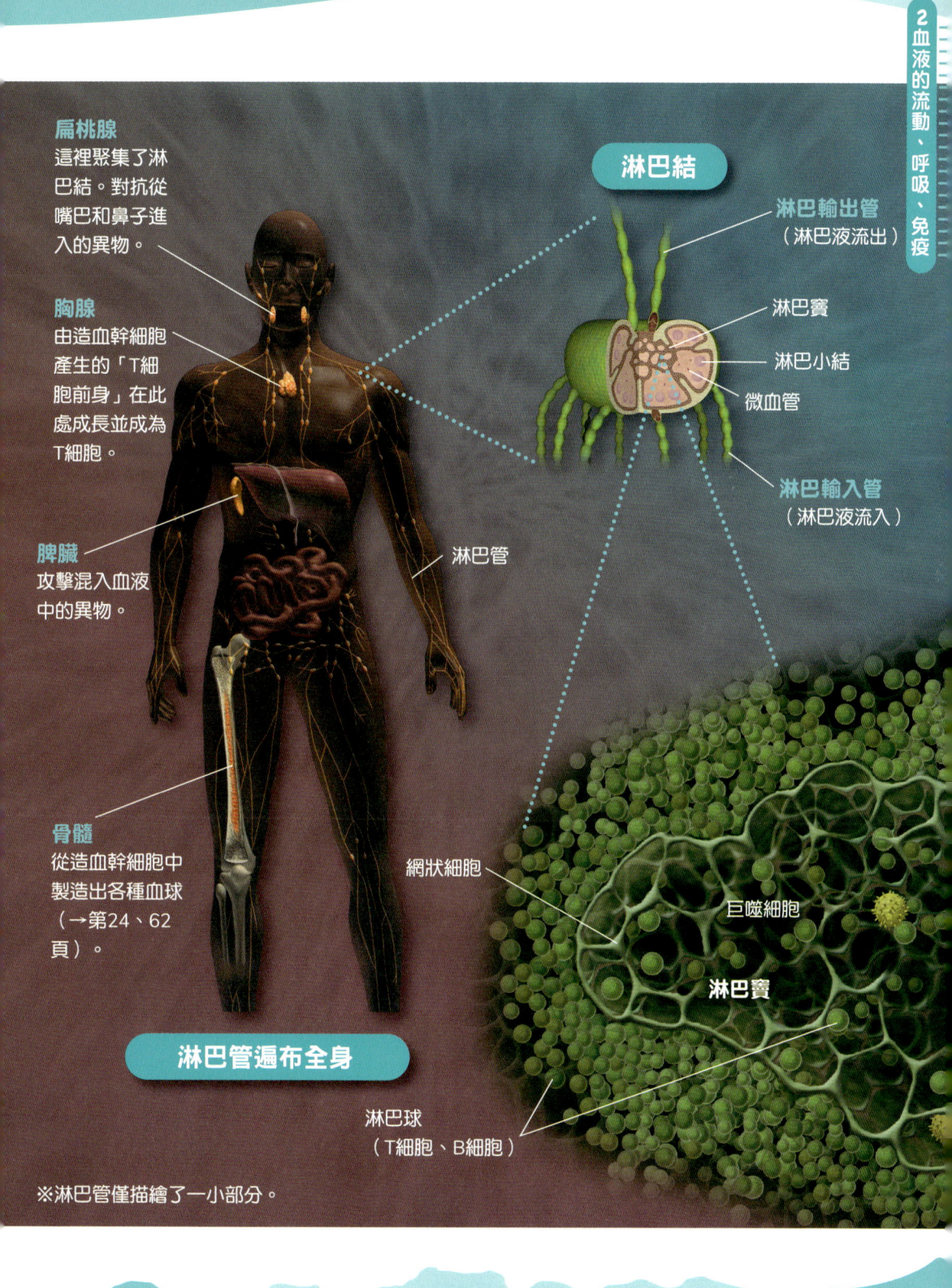

扁桃腺
這裡聚集了淋巴結。對抗從嘴巴和鼻子進入的異物。

胸腺
由造血幹細胞產生的「T細胞前身」在此處成長並成為T細胞。

脾臟
攻擊混入血液中的異物。

骨髓
從造血幹細胞中製造出各種血球（→第24、62頁）。

淋巴管

淋巴結

- 淋巴輸出管（淋巴液流出）
- 淋巴竇
- 淋巴小結
- 微血管
- 淋巴輸入管（淋巴液流入）

網狀細胞

巨噬細胞

淋巴竇

淋巴管遍布全身

淋巴球（T細胞、B細胞）

※淋巴管僅描繪了一小部分。

77

12 花粉症與免疫細胞有關係？！

許多人應該都聽過「過敏」這個詞彙吧。

過敏是指免疫細胞對於不會直接危害身體的異物產生反應的狀態。像花粉的成分從眼睛、鼻子和喉嚨的黏膜進入體內所引起的「花粉症」編註也是一種過敏。雖然花粉成分會進入任何人的體內，但體內難以產生與花粉反應的「免疫球蛋白E抗體」（IgE抗體）的人，則不會患上花粉症。

編註：花粉症是由植物的花粉引發的過敏性鼻炎。除了花粉之外，寵物毛髮、灰塵或黴菌等環境過敏原也會引發同樣的症狀。

3. 輔助T細胞會釋放「細胞激素」，增強（活化）B細胞的功能。

輔助T細胞

細胞激素

B細胞

4. B細胞會大量釋放IgE抗體。

IgE抗體

5. IgE抗體會附著在肥大細胞表面，等待下一次花粉的到來。

想知道更多
過敏還包括「食物過敏」和「金屬過敏」等類型。

78

花粉症的機制

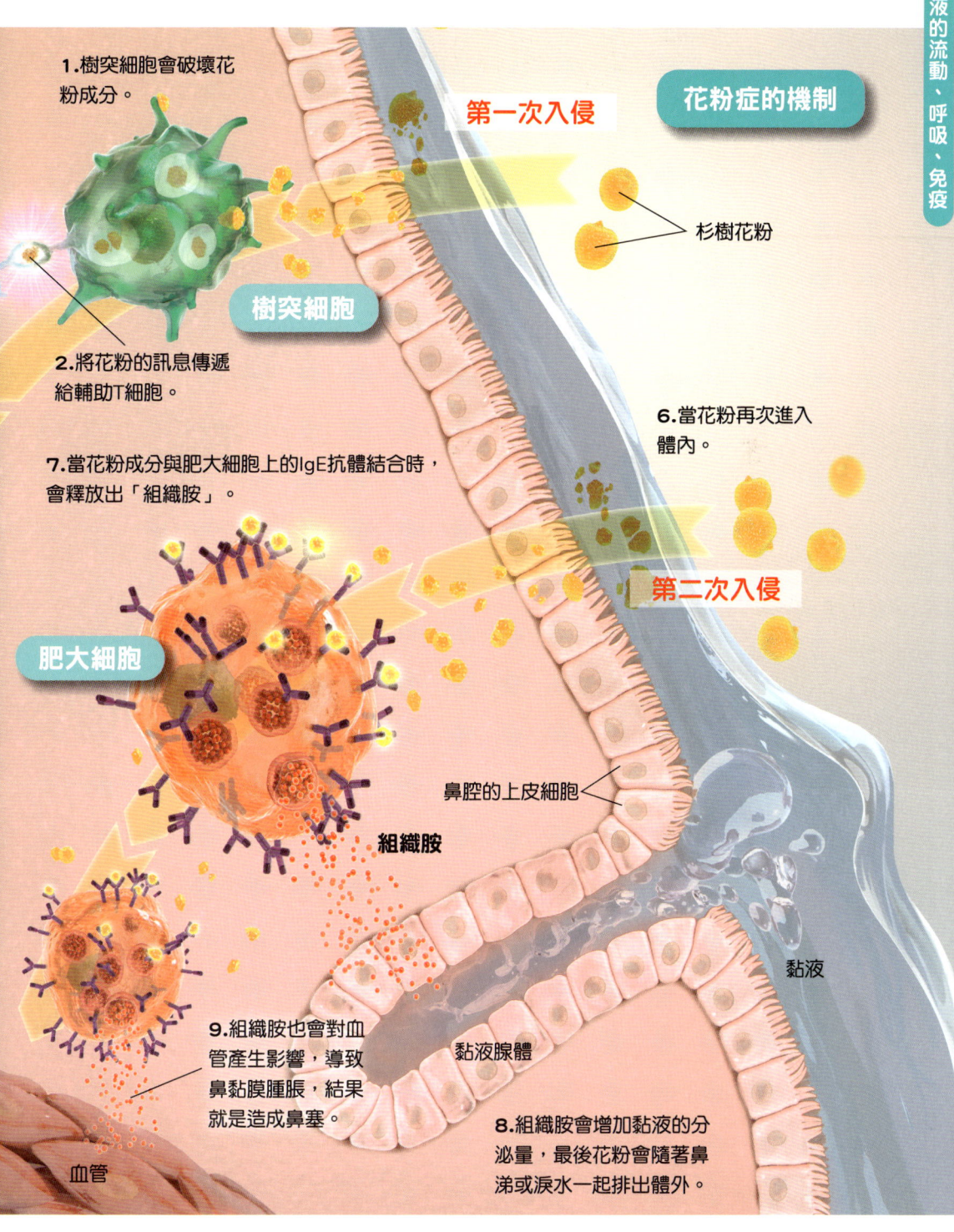

2 血液的流動、呼吸、免疫

樹突細胞

1. 樹突細胞會破壞花粉成分。
2. 將花粉的訊息傳遞給輔助T細胞。

第一次入侵

杉樹花粉

6. 當花粉再次進入體內。

第二次入侵

7. 當花粉成分與肥大細胞上的IgE抗體結合時，會釋放出「組織胺」。

肥大細胞

組織胺

鼻腔的上皮細胞

黏液

黏液腺體

9. 組織胺也會對血管產生影響，導致鼻黏膜腫脹，結果就是造成鼻塞。

血管

8. 組織胺會增加黏液的分泌量，最後花粉會隨著鼻涕或淚水一起排出體外。

79

下課時間

病毒和細菌是不同的東西嗎？

細菌和病毒經常被混為一談，但它們之間有明顯的差異。

例如，細菌的大小約為1至數微米（1微米等於0.001毫米）^{編註}，而且可以自我繁殖。而病毒的大小僅為細菌的數百分之一到十分之一。此外，病毒沒有自我繁殖的能力，它們需要進入生物的細胞內才能增加數量。

編註：目前已知最小的黴漿菌直徑約 0.2 微米，最大的華麗硫珠菌長度達 2 公分。

細菌
DNA訊息繁衍給後代

病毒
DNA訊息繁衍給後代

- 具有細胞結構。
- 透過分裂來繁殖。
- 如結核菌、O-157型大腸桿菌、乳酸菌、雙歧桿菌等等。

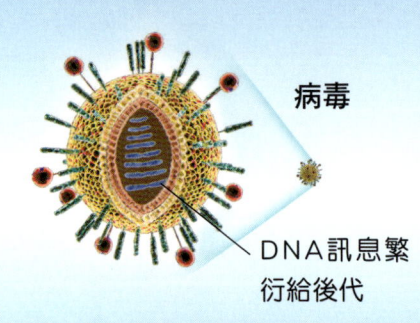

- 不具有細胞結構。
- 進入其他細胞後才繁殖。
- 如流感病毒、諾羅病毒、新冠病毒等等。

第 3 節課

食物的通道

「不要只吃肉,也要吃蔬菜!」很多人都曾聽過這樣的勸告吧。這是因為我們生存所需的「養分」存在於各種食物中。那麼,我們的身體是如何吸收這些養分的呢?

不可以挑食喔!

01 食物如果不弄碎，人體就無法吸收養分

我們吃的食物從嘴巴進入，最後從肛門出來。在這個過程中，食物會經歷長達9公尺、耗時超過20小時的「消化之旅」。

消化之旅（整體流程）

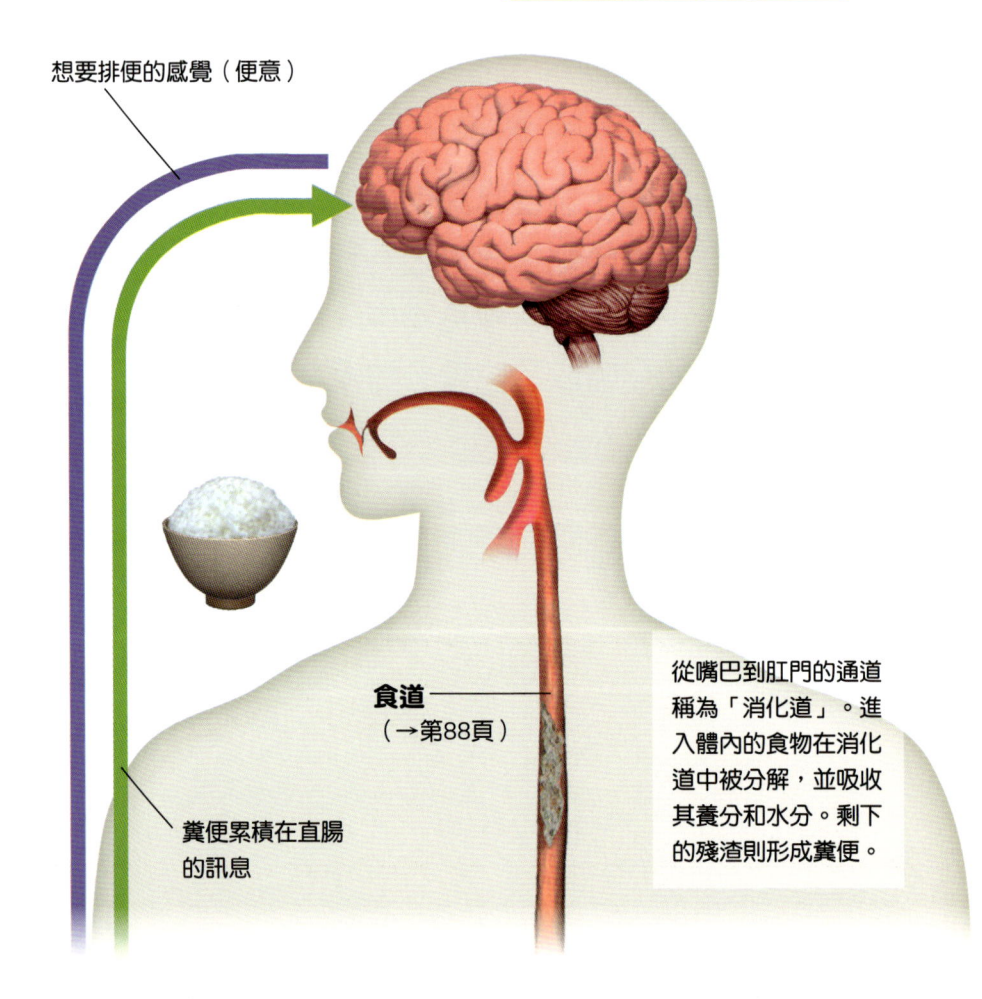

想要排便的感覺（便意）

食道
（→第88頁）

糞便累積在直腸的訊息

從嘴巴到肛門的通道稱為「消化道」。進入體內的食物在消化道中被分解，並吸收其養分和水分。剩下的殘渣則形成糞便。

消化是指透過器官（如胃和腸）的運作以及消化液（化學反應）的作用，將食物分解成體內可以吸收的微小分子。換句話說，雞腿肉並不會直接變成我們大腿的一部分。透過消化食物並吸收其養分，我們可以獲得活動所需的能量，並利用它們來建構身體組織。

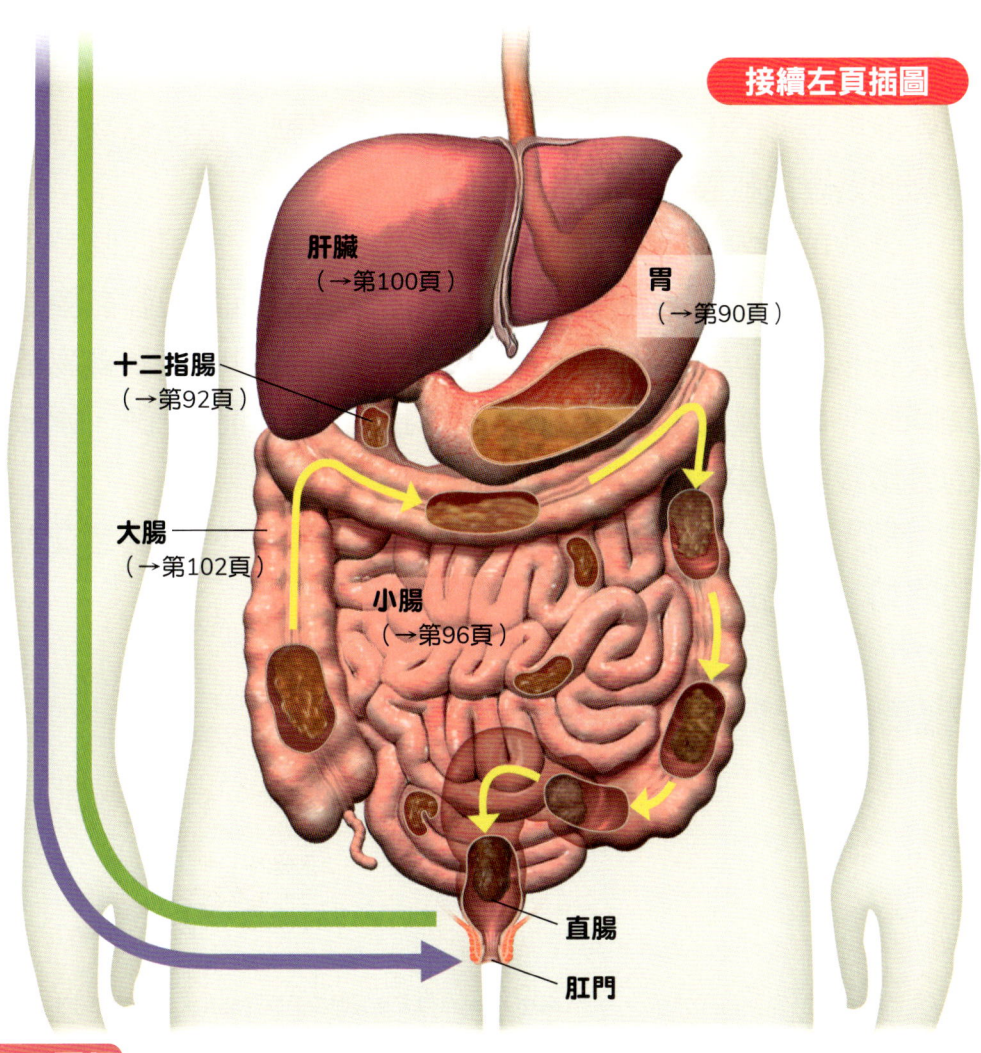

接續左頁插圖

肝臟（→第100頁）
胃（→第90頁）
十二指腸（→第92頁）
大腸（→第102頁）
小腸（→第96頁）
直腸
肛門

想知道更多
甜點等食物中的「葡萄糖」消化得很快，能迅速轉化為能量。

02 唾液的分泌量會因味道大幅改變

唾液是由位於耳下和舌頭下方的「唾液腺」所製造。唾液腺會對食物進入口腔時受到的刺激或味道做出反應，分泌唾液從臉頰內側或口腔底部流入口腔中。當食物被牙齒細細咬碎並與唾液在口腔中混合時，食物會變軟，這樣食物就更容易通過連接喉嚨與胃部的食道。

唾液的分泌量會因食物的味道大幅改變。食用酸味食物時，會分泌大量唾液，這是為了保護牙齒表面和口腔黏膜免受酸性物質（具有溶解作用）的侵害。當我們感受到食物的美味時，唾液會長時間分泌，但當我們感受到甜味時，唾液的分泌量則較少。編註1

每天大約分泌1～1.5公升的唾液。但唾液的分泌量並非始終如一，而是在進食時分泌較多。

編註 1：唾液中的澱粉酶會將食物裡的澱粉分解為糖，口腔中若累積太多糖分，易產生蛀牙。

編註 2：唾液腺直接或間接受副交感神經和交感神經支配，面臨壓力時會導致供給腺體的血管收縮，減少唾液的含水量。

想知道更多

緊張時唾液會變得「黏稠」，放鬆時則會變得「清澈」。編註2

唾液腺的位置

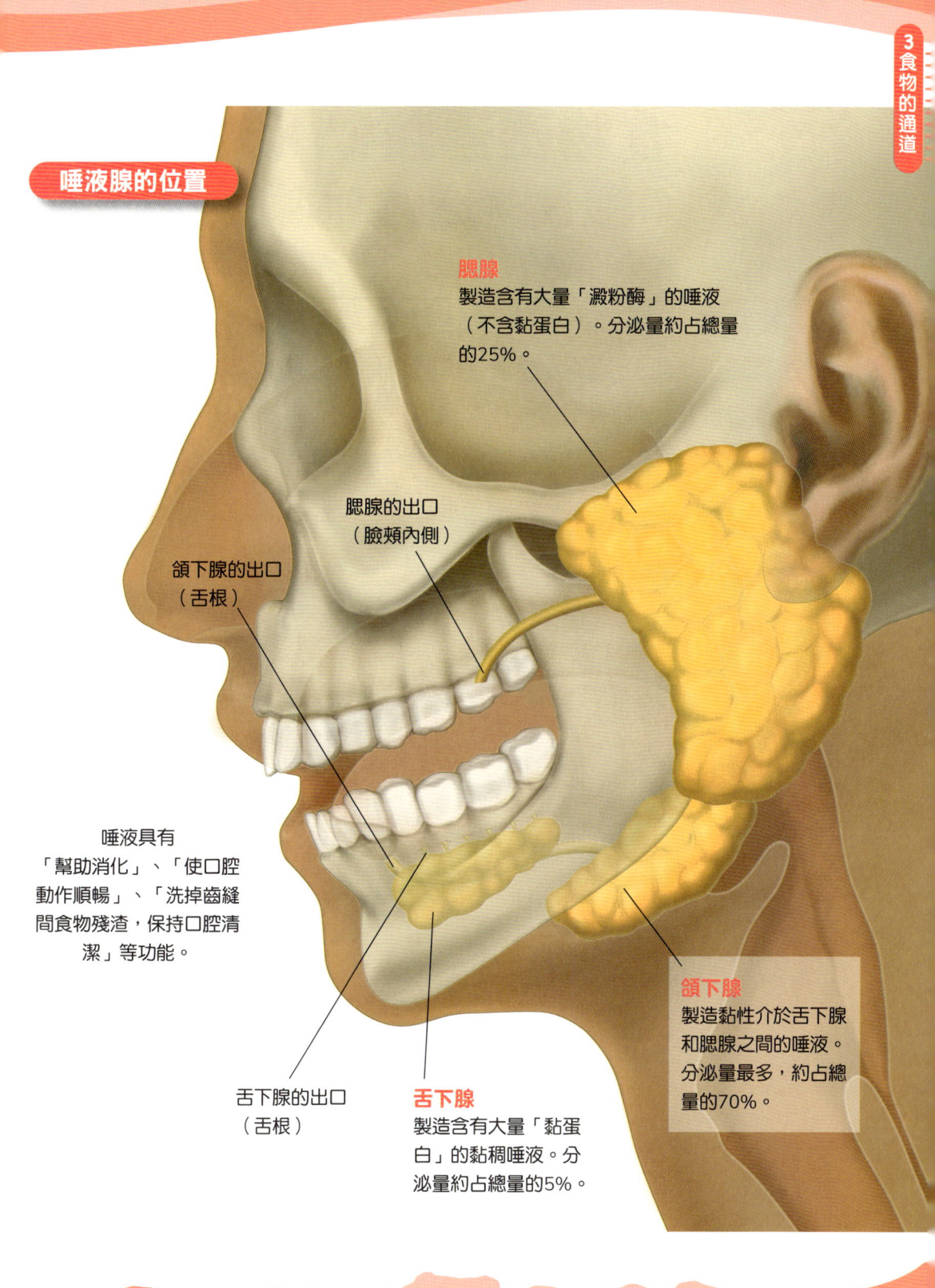

腮腺
製造含有大量「澱粉酶」的唾液（不含黏蛋白）。分泌量約占總量的25%。

腮腺的出口
（臉頰內側）

頜下腺的出口
（舌根）

唾液具有「幫助消化」、「使口腔動作順暢」、「洗掉齒縫間食物殘渣，保持口腔清潔」等功能。

舌下腺的出口
（舌根）

舌下腺
製造含有大量「黏蛋白」的黏稠唾液。分泌量約占總量的5%。

頜下腺
製造黏性介於舌下腺和腮腺之間的唾液。分泌量最多，約占總量的70%。

3 食物的通道

03 食物透過類似「添水」的機制被送入喉嚨深處

食物進入嘴巴時，會接觸到上脣或舌頭，這樣我們就能判斷適當的一口分量。然後我們會用門牙咬斷食物，如果是比較硬的食物，則會送到口腔深處，再用臼齒磨碎。

吞嚥食物時，實際上是一個複雜的動作。如上圖所示，在不到一秒的時間內，喉嚨的肌肉等會按照固定的順序進行

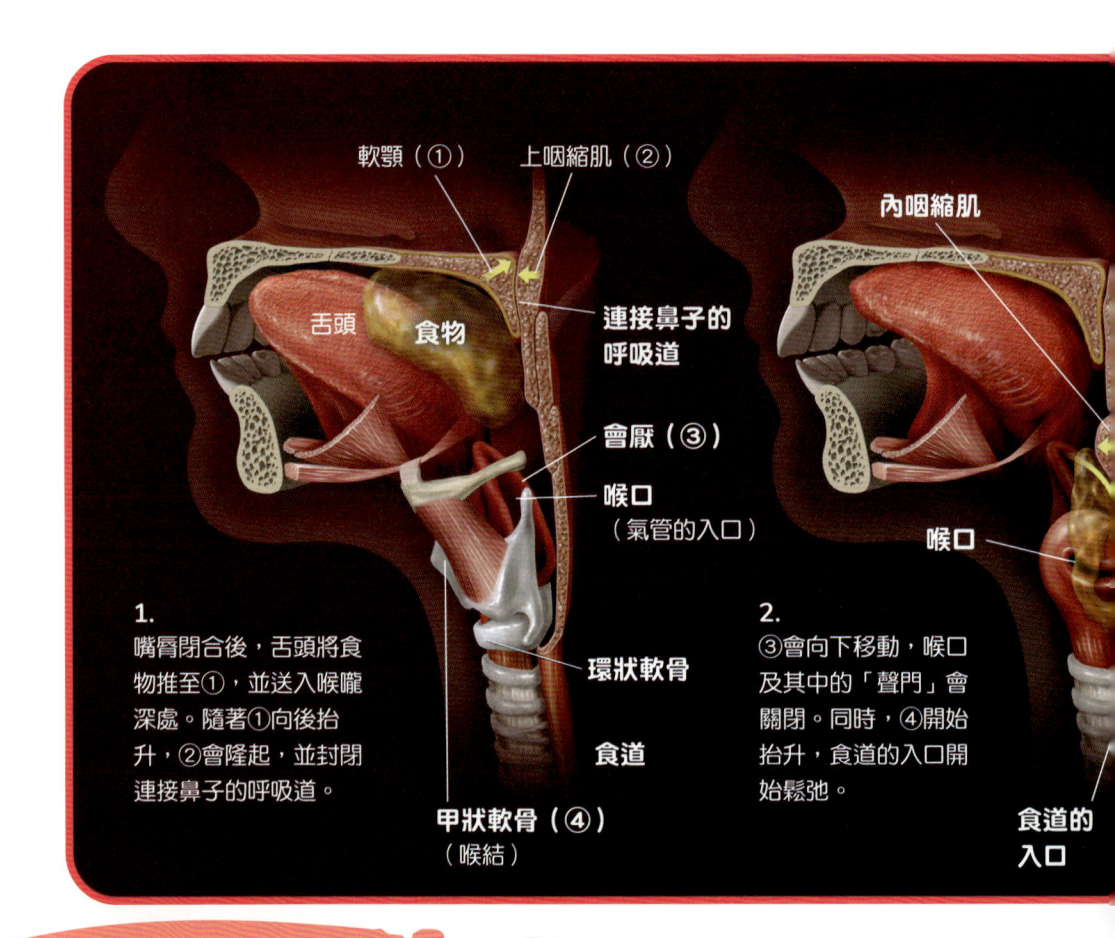

軟顎（①）
上咽縮肌（②）
內咽縮肌
舌頭
食物
連接鼻子的呼吸道
會厭（③）
喉口（氣管的入口）
喉口
環狀軟骨
食道
甲狀軟骨（④）（喉結）
食道的入口

1.
嘴脣閉合後，舌頭將食物推至①，並送入喉嚨深處。隨著①向後抬升，②會隆起，並封閉連接鼻子的呼吸道。

2.
③會向下移動，喉口及其中的「聲門」會關閉。同時，④開始抬升，食道的入口開始鬆弛。

運動。一般認為，這個過程涉及了25種以上的肌肉。

像這樣吞下食物的動作稱為「吞嚥」。吞嚥的機制類似「添水」（註：日式庭園中利用流水讓竹子發出清脆聲響的一種引水裝置）。當我們在口中咀嚼時，食物的塊狀部分會逐漸移動到喉嚨的深處。當食物累積到一定程度時，就會一口氣吞下去。

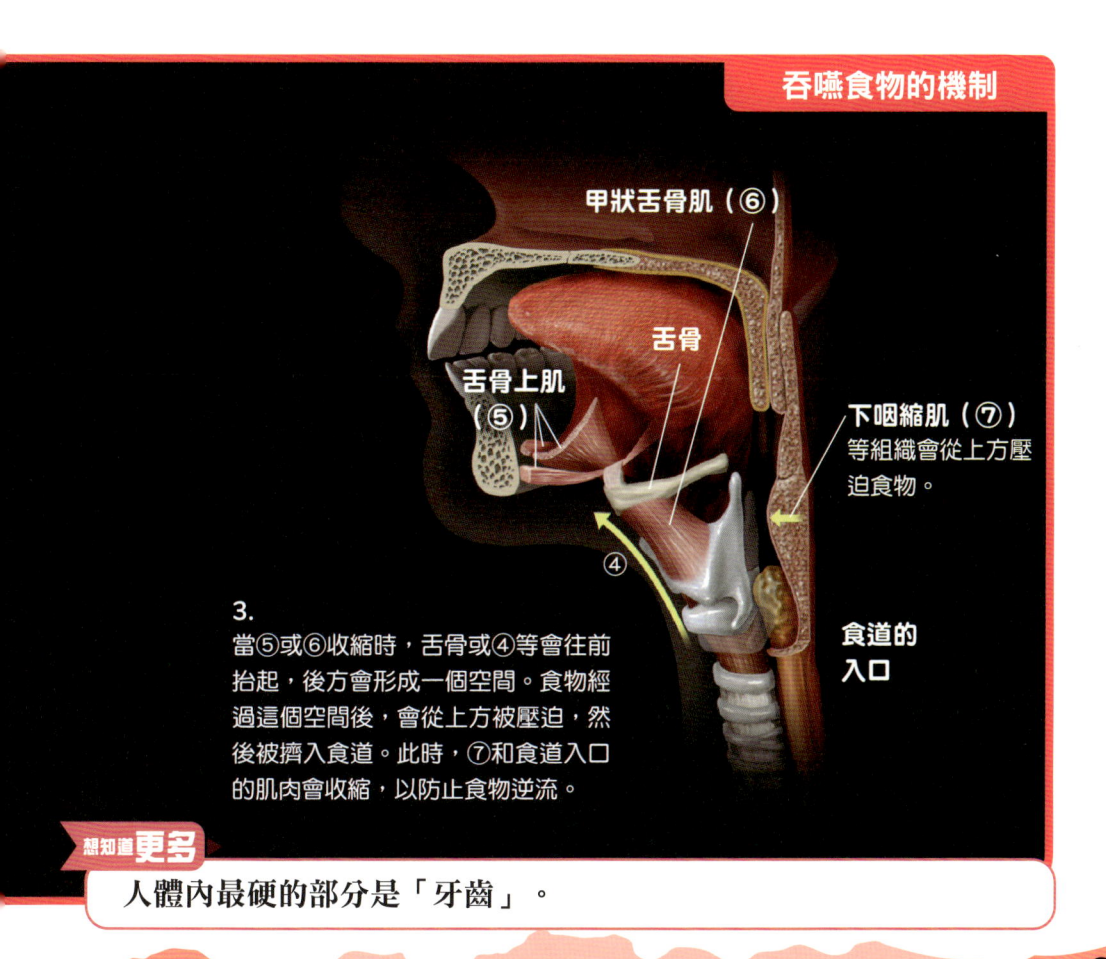

這就是「添水」！

吞嚥食物的機制

甲狀舌骨肌（⑥）

舌骨

舌骨上肌（⑤）

下咽縮肌（⑦）等組織會從上方壓迫食物。

④

食道的入口

3.
當⑤或⑥收縮時，舌骨或④等會往前抬起，後方會形成一個空間。食物經過這個空間後，會從上方被壓迫，然後被擠入食道。此時，⑦和食道入口的肌肉會收縮，以防止食物逆流。

想知道更多

人體內最硬的部分是「牙齒」。

04 即使倒立，食道也會將食物送入胃中

　　吞嚥下去的食物會進入食道。食道是一條直徑約2公分、長約25公分、厚約0.4公分的管道，其內側是由黏膜層組成，外側則由肌肉層組成。

　　食道的作用類似於從軟管擠牙膏一樣，透過自身的伸縮運動（蠕動運動）將食物送到胃部。即使倒立或處於太空無重力環境中，吞下的食物也會經由食道送達胃部。食物在食道中前進的速度大約是每秒4公分，換句話說，食物吞下6秒左右就會進入胃部。

　　食道的出口只有在食物通過時才會開啟。如果這個出口無法正常關閉，胃液會回流到食道，導致食道潰爛，這種疾病稱為「胃食道逆流」。

想知道更多
食道的入口通常也是由圍繞食道的肌肉維持在關閉的狀態。

將食物運送到胃部的「食道」

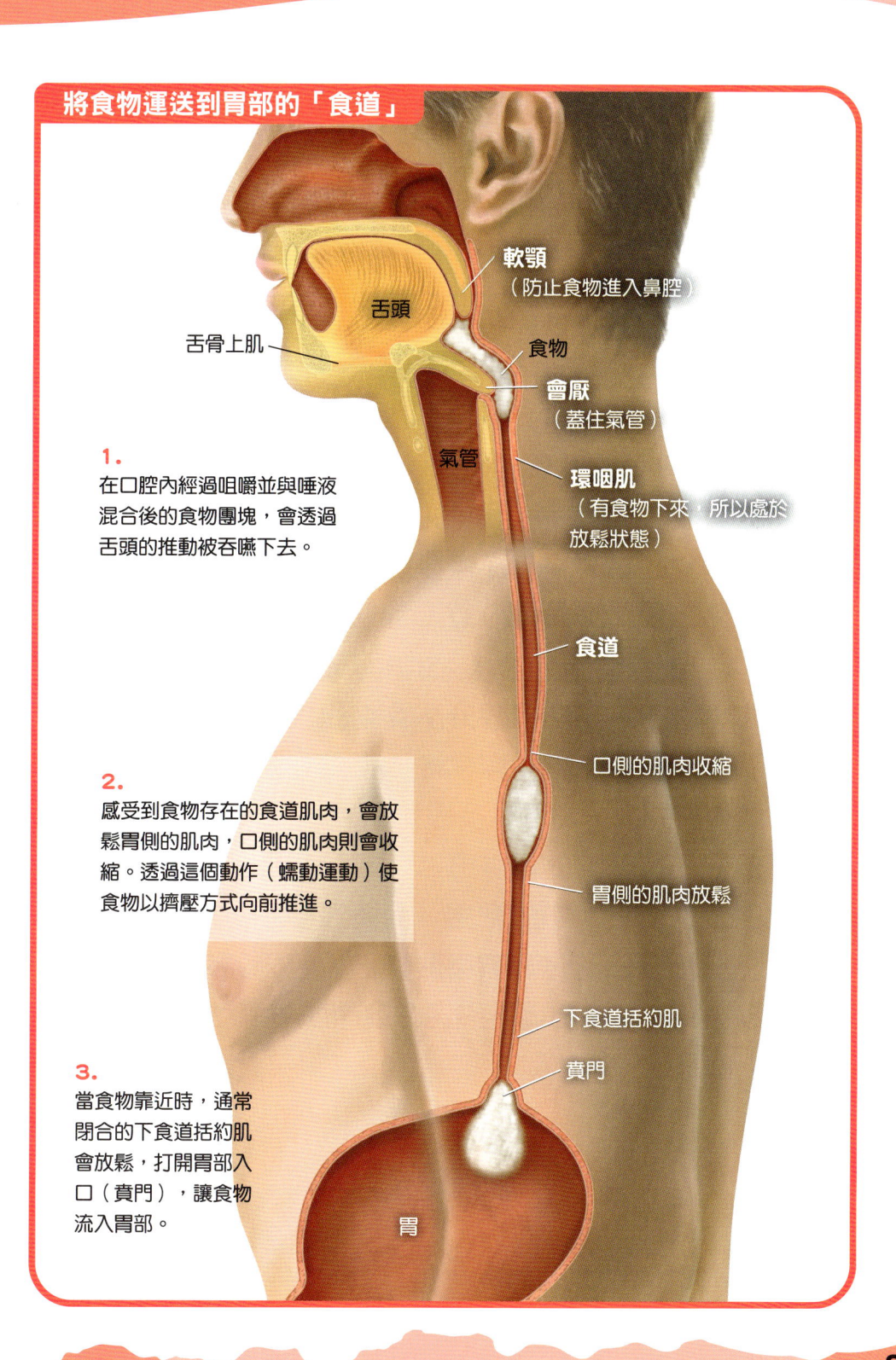

1.
在口腔內經過咀嚼並與唾液混合後的食物團塊，會透過舌頭的推動被吞嚥下去。

2.
感受到食物存在的食道肌肉，會放鬆胃側的肌肉，口側的肌肉則會收縮。透過這個動作（蠕動運動）使食物以擠壓方式向前推進。

3.
當食物靠近時，通常閉合的下食道括約肌會放鬆，打開胃部入口（賁門），讓食物流入胃部。

舌骨上肌
舌頭
軟顎（防止食物進入鼻腔）
食物
會厭（蓋住氣管）
氣管
環咽肌（有食物下來，所以處於放鬆狀態）
食道
口側的肌肉收縮
胃側的肌肉放鬆
下食道括約肌
賁門
胃

3 食物的通道

05 胃液是能將食物變黏稠的強力消化液

　　胃會自行運動，將送進來的食物與「胃液」這種消化液混合在一起。由於胃的黏膜呈皺褶狀，因此也具有磨碎食物的效果。如此一來，食物會變得黏稠，接著胃會透過蠕動運動，將食物逐漸送到十二指腸。

　　胃還具有對食物進行殺菌的功能。如果將在口中與唾液混合的食物吐出來，放在盛夏的室內幾個小時，它就會腐爛。然而，在我們體內大約37℃的環境中，吞下的食物卻不會腐爛，這是因為在胃裡對食物進行殺菌。

　　腐敗（腐爛）是由細菌分解食物引起的。也就是說，如果將細菌殺死，食物就不會腐敗。送到胃裡的食物在被胃液弄得黏糊糊的同時，細菌也被殺死了。

　　胃液是由胃壁上的胃腺分泌，成分包含胃酸（鹽酸），可殺死隨食物進入胃中的細菌，而胃液中的黏液成分則可避免胃壁被胃蛋白酶消化及被胃酸侵蝕。若因內外在因素導致調節機制失衡，則會出現胃酸過多或胃潰瘍等症狀。

> **想知道更多**
> 胃還有暫時儲存食物的功能。

3 食物的通道

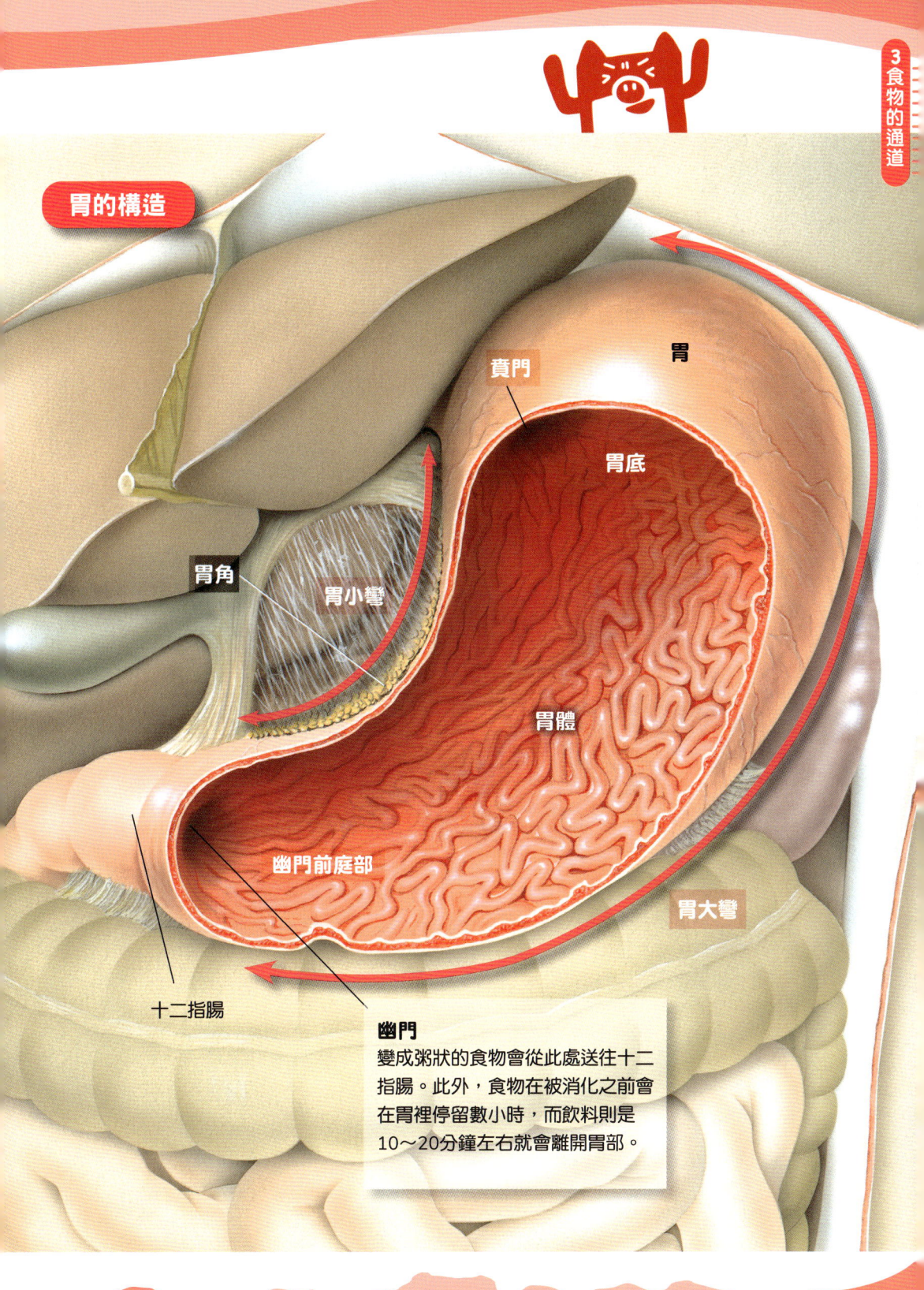

胃的構造

- 胃
- 賁門
- 胃底
- 胃角
- 胃小彎
- 胃體
- 幽門前庭部
- 胃大彎
- 十二指腸

幽門
變成粥狀的食物會從此處送往十二指腸。此外，食物在被消化之前會在胃裡停留數小時，而飲料則是10～20分鐘左右就會離開胃部。

06 十二指腸會分泌出兩種消化液

在胃裡變成粥狀的食物會進入「十二指腸」。十二指腸是一條直徑約4～6公分、長約25公分的管道，其內部有許多皺褶。

當十二指腸的總膽管出口關閉時，膽汁會流入膽囊；當出口打開時，膽汁會流入十二指腸。

肝臟

總膽管

膽汁

胃

十二指腸小乳頭（胰液的排出口）

食物

胰液

膽汁與胰液

膽囊
負責儲存及濃縮膽汁的器官。膽汁中含有「膽紅素」這種色素（顏色的來源）。糞便的顏色就是由膽紅素決定的。

十二指腸（→）
小腸的起始部分，呈「C」字形，包圍胰臟的前端。

想知道更多

十二指腸這個名稱來自於其長度大約是「12根手指併在一起的寬度」，但實際上稍微長一些。

十二指腸與負責製造「胰液」的胰臟緊貼在一起。

胰液是一種消化液，在分解碳水化合物、蛋白質和脂質這3種營養素時會發揮極大作用。胰液集中到「胰管」後，會釋放到十二指腸內。

此外，肝臟（→第100頁）製造的「膽汁」，也會從膽囊這個器官釋放到十二指腸內。這樣一來，真正的消化過程就開始了。

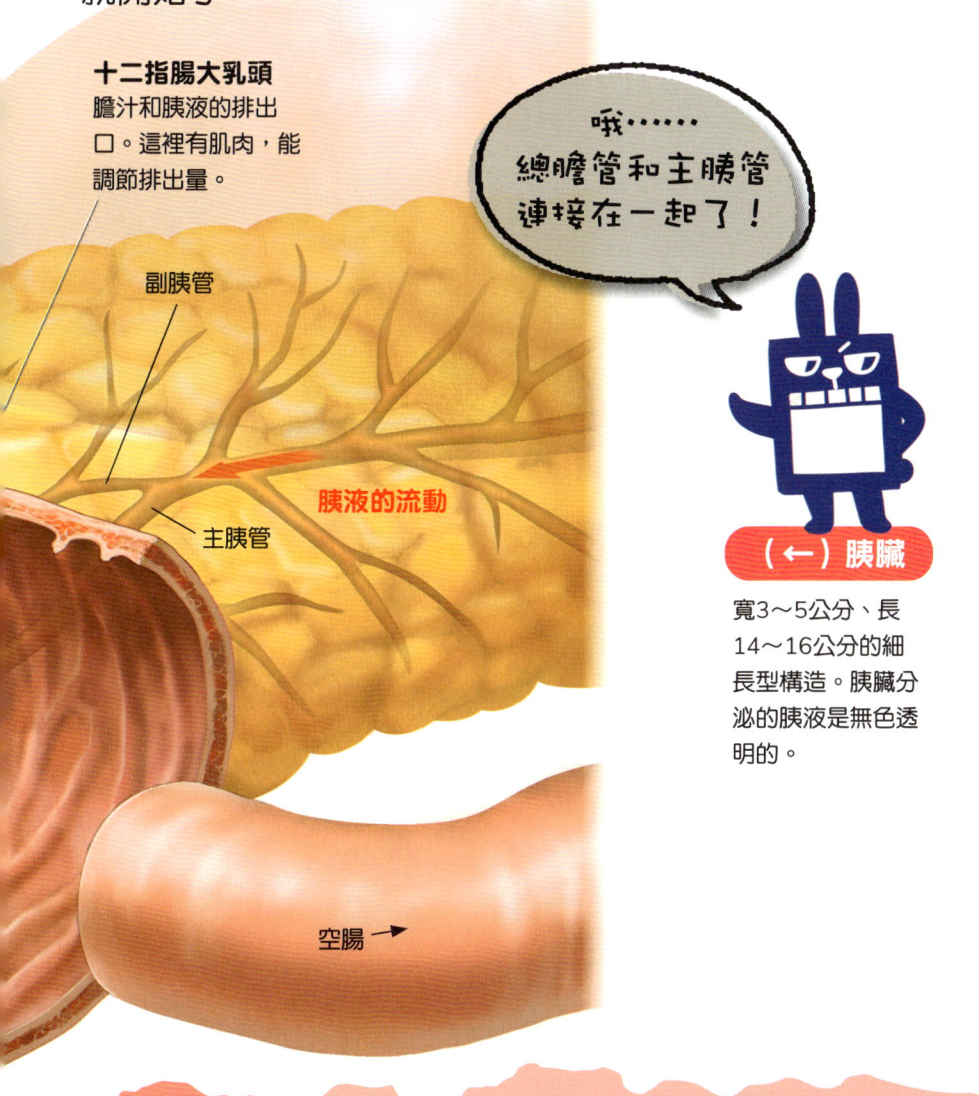

十二指腸大乳頭
膽汁和胰液的排出口。這裡有肌肉，能調節排出量。

副胰管

胰液的流動

主胰管

空腸 →

哦……總膽管和主胰管連接在一起了！

（←）胰臟

寬3～5公分、長14～16公分的細長型構造。胰臟分泌的胰液是無色透明的。

下課時間

胰臟中有重要的「島」

胰臟除了製造胰液外，還有一項重要的工作，即調節血液中的葡萄糖含量，也就是「血糖值」。

胰臟中的「胰島」細胞接收到微血管傳來的「血糖值過高！」的訊息時，會分泌「胰島素」這種激素（→第124

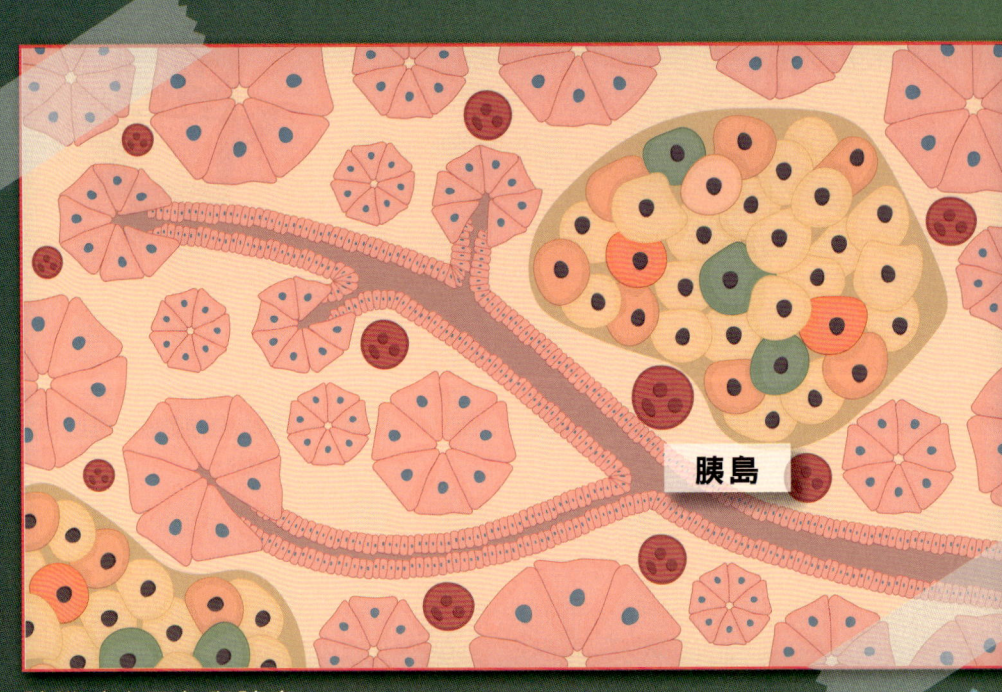

胰島

胰臟（右頁）與胰島。

頁）來降低血糖值。進食後血糖值會升高，但在胰島素的作用下，血糖值會降到正常範圍。

另一方面，胰島也會分泌名為「升糖素」的激素來提高血糖值。透過這種方式，胰臟便能保持血糖值的穩定。

順帶一提，有一種疾病會因為各種原因導致胰島素作用減弱，使血糖值持續偏高，這就是「糖尿病」。

胰島在哪裡…？！

07 小腸展開後可達6～7公尺長

希望你們也趕快長高！

　　消化道（從口腔經過食道、胃和腸道再到肛門）長度為9公尺，其中占了2/3以上的就是「小腸」。小腸由十二指腸、空腸和迴腸組成。十二指腸之後的小腸部分，約有40%是空腸，其餘60%則是迴腸。小腸在體內收縮時長度約為2～3公尺（相當於教室地板到天花板的高度），但放鬆時可達6～7公尺。

　　小腸的功能是完成食物的最終消化，並吸收分解後的養分和水分。養分主要在空腸進行吸收，而不是在迴腸，這是因為空腸接觸食物的部分有很多皺褶，使其表面積較大（詳見第98頁）。此外，之前分泌的唾液、胃液、胰液和膽汁等消化液也會在小腸中回收。

　　食物需要3～5小時才能通過小腸。

腸子原來長這樣…

想知道更多
進入體內的水分約有85%是由小腸吸收。

3 食物的通道

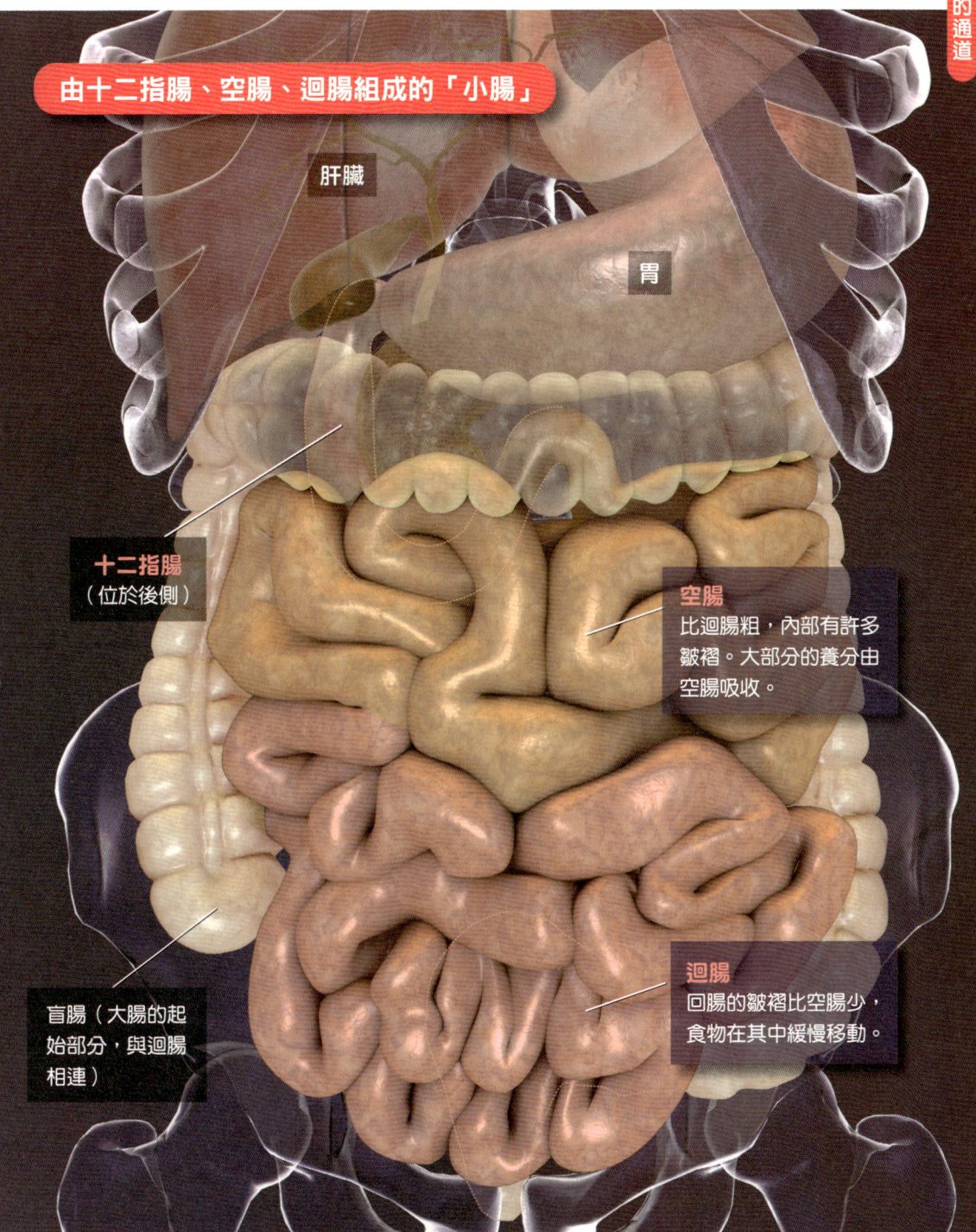

由十二指腸、空腸、迴腸組成的「小腸」

肝臟

胃

十二指腸
（位於後側）

空腸
比迴腸粗，內部有許多皺褶。大部分的養分由空腸吸收。

迴腸
迴腸的皺褶比空腸少，食物在其中緩慢移動。

盲腸（大腸的起始部分，與迴腸相連）

97

08 小腸內壁的表面積相當於一座網球場

　　小腸內壁的表面像吸塵器軟管一樣，有一些突起，這些突起被稱為「環狀褶皺」。如果進一步仔細觀察壁面，可以看到布滿高度約0.5～1.5毫米的小皺褶，這些就是「絨毛」。絨毛表面覆蓋著「柱狀上皮細胞」，而這些細胞表面上還排列著更小的皺褶，稱為「微絨毛」。

　　這種構造大大增加了小腸內壁的表面積（內壁接觸食物的部分）。如果小腸只是一條沒有皺褶的簡單管道，其表面積約為0.4平方公尺。但有了這些皺褶後，表面積增加到約200平方公尺，相當於一個網球場的面積。這使得小腸能有效率地吸收養分和水分。

> **想知道更多**
> 迴腸因形狀彎曲而得名。

小腸的構造

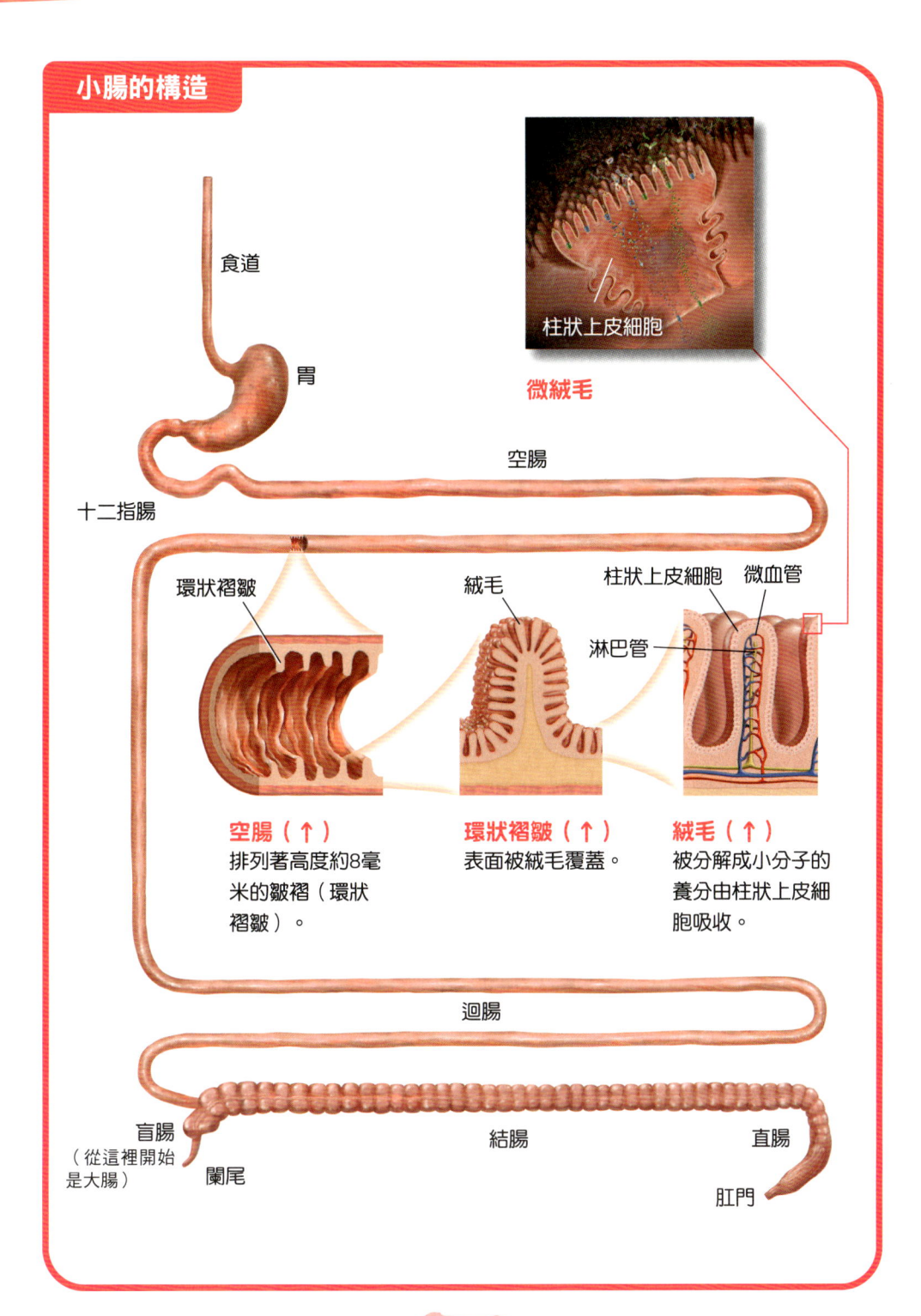

食道

胃

十二指腸

空腸

環狀褶皺

絨毛

柱狀上皮細胞

微血管

淋巴管

柱狀上皮細胞

微絨毛

空腸（↑）
排列著高度約8毫米的皺褶（環狀褶皺）。

環狀褶皺（↑）
表面被絨毛覆蓋。

絨毛（↑）
被分解成小分子的養分由柱狀上皮細胞吸收。

迴腸

盲腸
（從這裡開始是大腸）

闌尾

結腸

直腸

肛門

3 食物的通道

99

09 人體吸收的養分會送到哪裡？

被柱狀上皮細胞吸收的養分會去哪裡呢？單醣（碳水化合物的分解產物）和胺基酸（蛋白質的分解產物）會進入柱狀上皮細胞深處的微血管，然後送往肝臟。脂肪酸和甘油（脂質的分解產物）首先會被裝載到「乳糜微粒」的載體上。接著，這些乳糜微粒會通過柱狀上皮細胞深處的淋巴管和全身的血管，最後運送到肝臟或脂肪細胞。

單醣在肝臟中被儲存為「肝醣」。肝醣是活動的能量來源，必要時會轉化為「葡萄糖」，並運送到全身的細胞。胺基酸在肝臟中被轉化為各種不同的蛋白質，供體內使用。乳糜微粒在肝臟中則會根據需要轉化為「膽固醇」和「三酸甘油酯」，供體內使用。

膽固醇是製造細胞膜、膽汁與激素的原料，當陽光晒到皮膚時，皮下的膽固醇會變成維生素D。三酸甘油酯則在新陳代謝過程中協助運輸能源和食物中的脂肪。

想知道更多
肝臟還負責分解藥物成分和酒精（酒），以及製造膽汁。

肝臟的構造

流向心臟　由心臟流入

肝固有動脈

肝靜脈

膽囊

流向十二指腸

由右腎流入（右側的腎臟）

總膽管

由胃、小腸、大腸流入

流向胃

流向脾臟

由胰臟、脾臟流入

由左腎流入（左側的腎臟）

肝門靜脈

由大腸流入

流向小腸、大腸

下腔靜脈　降主動脈

成人的肝臟重達1～1.5公斤。

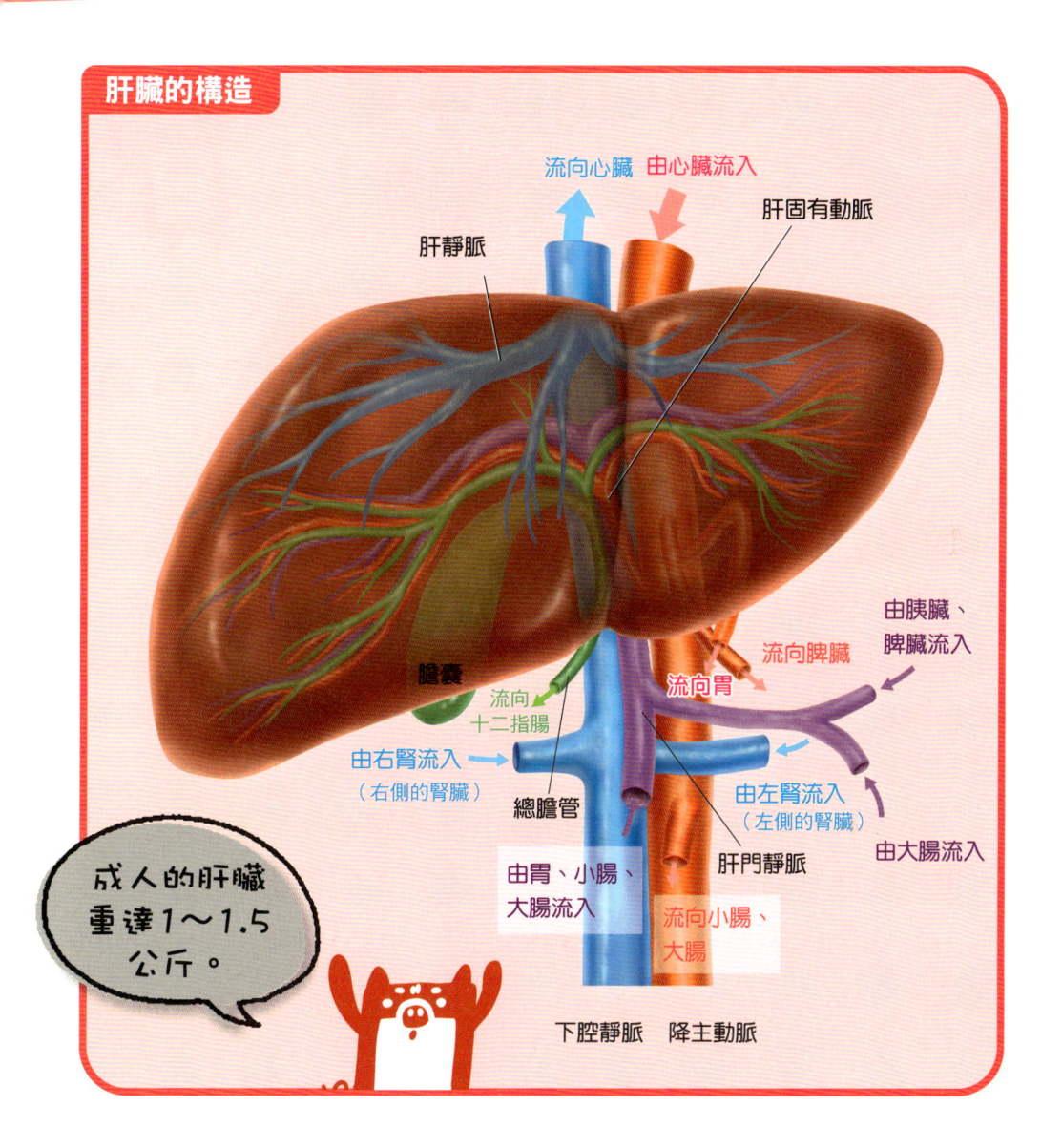

筆記

肝臟具有高度再生能力。即使在手術中切除了一半的肝臟，只要剩餘部分是健康的，肝臟在大約兩週內就能恢復到原來的大小。

10 大腸的功能不單只是製造糞便！

食物離開小腸後，會進入「大腸」。大腸由盲腸、結腸和直腸組成，圍繞在小腸的周圍。

大腸的主要功能之一是製造糞便。食物通過大腸需要15個小時左右。剛進入大腸時，食物幾乎是液態的，隨著水分逐漸被吸收，到達直腸（大腸的末端部分）時，食物已經變成固體狀。此外，糞便大約有80%是水分，剩下的則是未消化的食物殘渣、剝落的腸道細胞、腸道細菌（→第104頁），以及它們的屍體。

此外，大腸還會分解並吸收小腸未能消化吸收的成分。大腸內棲息著許多「腸道細菌」，例如大腸桿菌和乳酸菌等等，這些細菌能將小腸無法消化的某些成分分解成可吸收的形式。

排便順暢總比便秘好⋯

想知道更多
一般認為人體每天排出的糞便量平均約為 60～180 公克。

糞便的形成過程

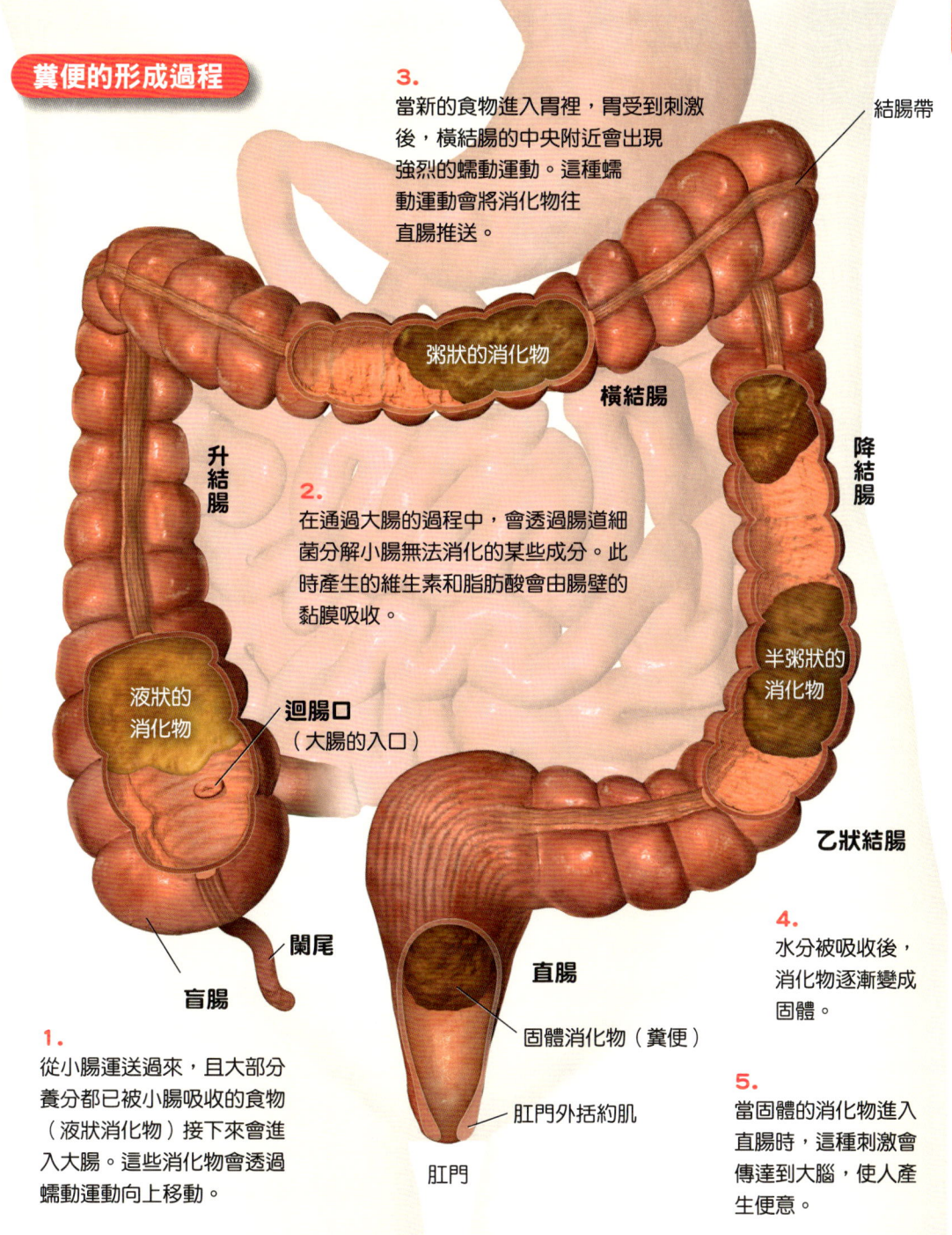

3. 當新的食物進入胃裡，胃受到刺激後，橫結腸的中央附近會出現強烈的蠕動運動。這種蠕動運動會將消化物往直腸推送。

結腸帶

粥狀的消化物

橫結腸

升結腸

降結腸

2. 在通過大腸的過程中，會透過腸道細菌分解小腸無法消化的某些成分。此時產生的維生素和脂肪酸會由腸壁的黏膜吸收。

液狀的消化物

迴腸口（大腸的入口）

半粥狀的消化物

乙狀結腸

闌尾

盲腸

直腸

固體消化物（糞便）

肛門外括約肌

肛門

1. 從小腸運送過來，且大部分養分都已被小腸吸收的食物（液狀消化物）接下來會進入大腸。這些消化物會透過蠕動運動向上移動。

4. 水分被吸收後，消化物逐漸變成固體。

5. 當固體的消化物進入直腸時，這種刺激會傳達到大腦，使人產生便意。

3 食物的通道

11 我們的腹部飼養著 1.5 公斤的細菌

　　成人大腸內的腸道細菌種類超過1000種，數量超過100兆個，這些細菌的總重量重達1.5公斤左右。

　　此外，這些腸道細菌會以同種類聚集，形成稱為「腸道菌叢」（intestinal flora）的群體，廣泛分布於腸道內。由於這種分布形態看起來像一塊塊花田一樣，因此以花神芙羅拉（Flora）來命名。

糞便中約有7％是腸道細菌及其屍體。此外，右頁所描繪的只是其中一部分，實際上還會發生許多不同的反應。

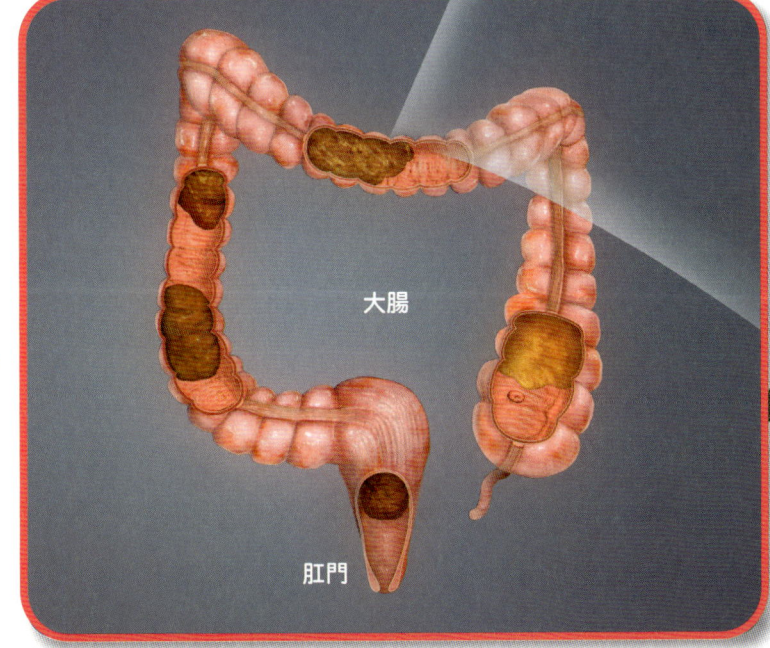

大腸

肛門

3 食物的通道

短鏈脂肪酸

梭形芽胞桿菌屬

單醣

雙歧桿菌屬

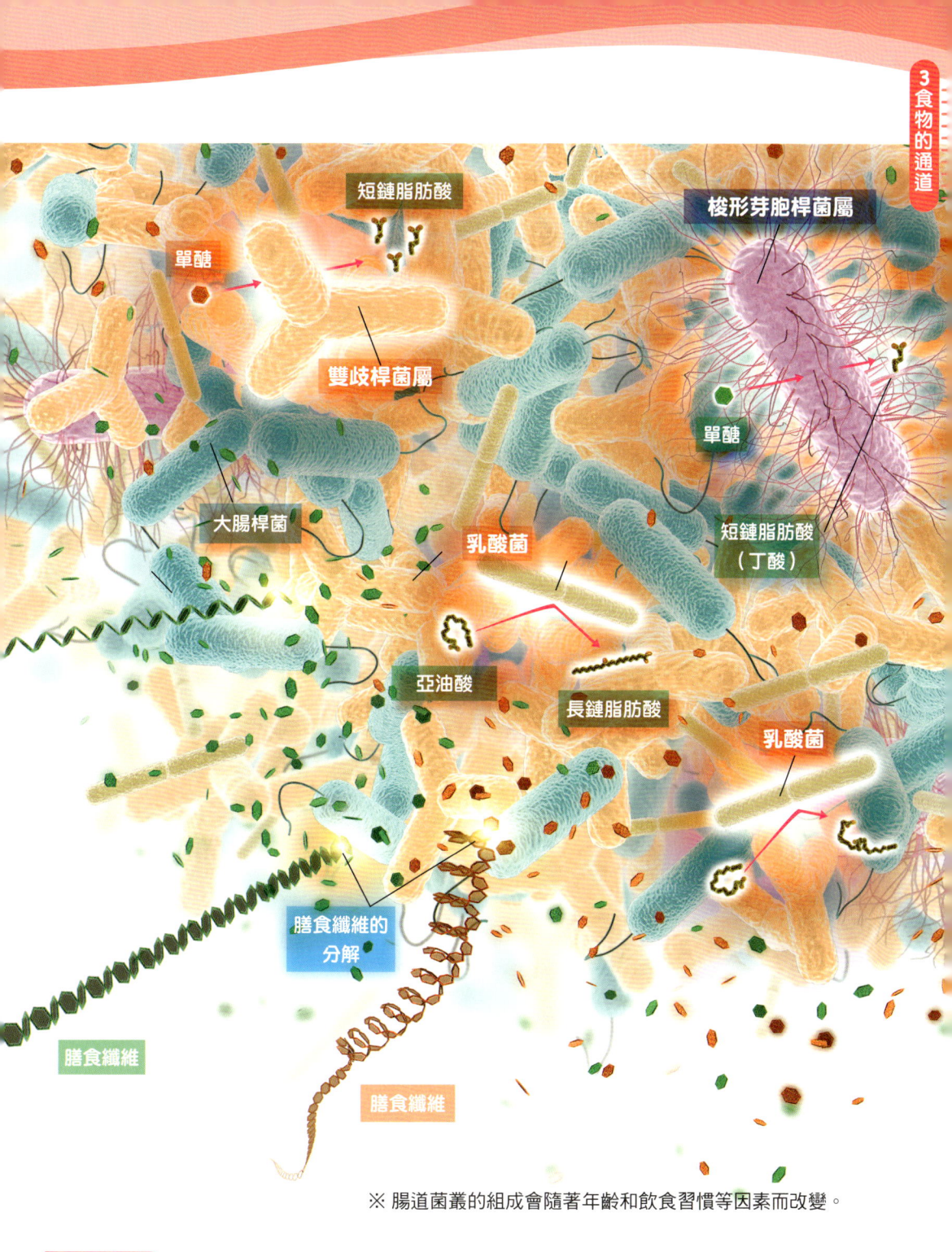

單醣

大腸桿菌

短鏈脂肪酸（丁酸）

乳酸菌

亞油酸

長鏈脂肪酸

乳酸菌

膳食纖維的分解

膳食纖維

膳食纖維

※ 腸道菌叢的組成會隨著年齡和飲食習慣等因素而改變。

想知道更多
腸道細菌活動所產生的氣體（如硫化氫）是屁味的來源。

12 米飯和麵包在我們體內會經歷什麼樣的旅程？

　　我們身體主要利用的營養素有3種，分別是碳水化合物、蛋白質和脂質。我們已經了解這「三大營養素」如何被分解和吸收。接下來，我們將更詳細地探討這個過程。

　　此外，除了這三大營養素之外，食物中還含有「維生素」和「礦物質」這些營養素，雖然含量較少，但它們在人體內卻是不可或缺的。

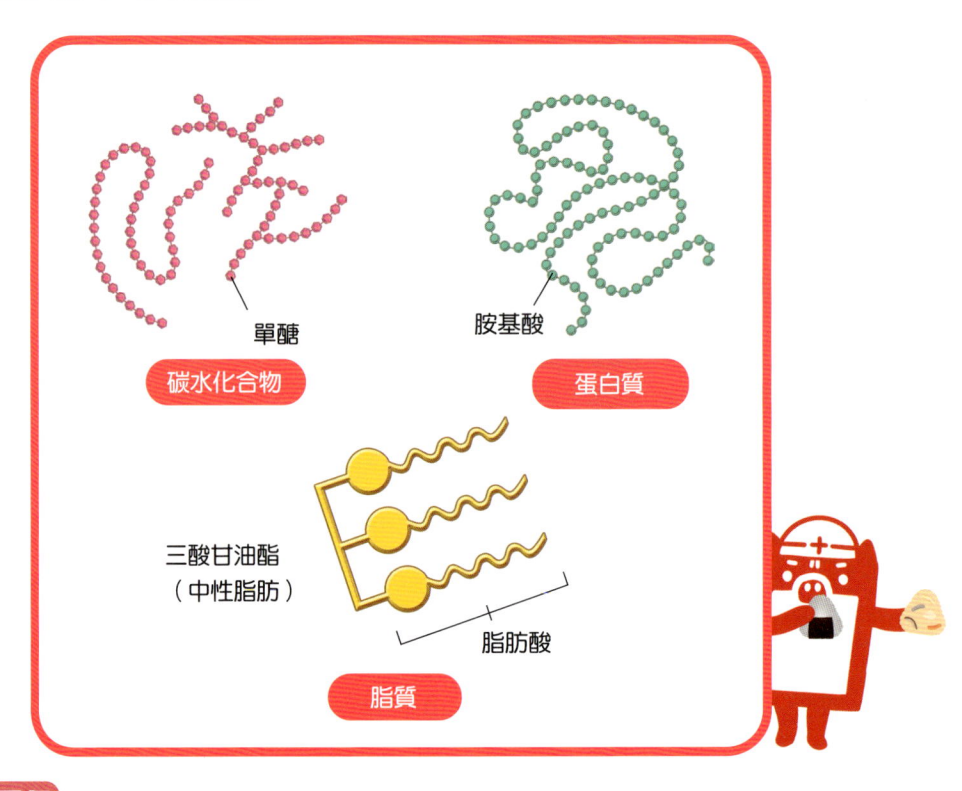

單醣
碳水化合物

胺基酸
蛋白質

三酸甘油酯（中性脂肪）
脂肪酸
脂質

想知道更多
消化液中含有「消化酵素」這種物質，能協助食物的分解。

碳水化合物的消化
（→第100頁）

碳水化合物
（如米飯、麵包或麵條）

1. 唾液中的消化酵素「澱粉酶」能夠分解食物中的碳水化合物。

唾液　唾液腺

2. 食物進入胃裡後，澱粉酶會因胃液失去活性。胃液中沒有分解碳水化合物的消化酵素，因此無法繼續進行分解。

胃液

5. 在肝臟中，單醣會以肝醣的形式儲存起來。由於肝醣會轉變成能量，在必要時會轉化為葡萄糖，透過血液輸送到全身的細胞。

肝臟
膽囊
血管（肝門靜脈）

3. 在胰液中的消化酵素「胰澱粉酶」的作用下，碳水化合物再次被分解。

胰臟
胰液與膽汁
淋巴管

4. 透過小腸內壁上的消化酵素（蔗糖酶、麥芽糖酶、乳糖酶）將碳水化合物分解成單醣。這些單醣會從小腸的柱狀上皮細胞進入血液，再經由血管運送到肝臟。

小腸
單醣

3 食物的通道

107

13 當我們吃肉或蛋……攝取

蛋白質的消化
（→第100頁）

1.
唾液中沒有分解蛋白質的消化酵素。

唾液　唾液腺

蛋白質
（如肉或蛋）

5.
肝臟會根據身體需求，轉換胺基酸的種類，或合成各種蛋白質。這些蛋白質會隨著血液循環運送到全身細胞，作為建構身體組織所需的材料。

2.（↓）
胃液中的消化酵素「胃蛋白酶」能將蛋白質部分分解成較小的片段。

胃液
（攝取大量蛋白質時，胃液就會大量分泌）

肝臟　膽囊　血管（肝門靜脈）

胰液與膽汁　胰臟　淋巴管

4.
在小腸內壁（黏膜）上的「胺肽酶」等消化酵素會進一步分解蛋白質。當蛋白質分解成「三肽」、「雙肽」和胺基酸後，這些分子就會被柱狀上皮細胞吸收。之後它們會隨著血液循環運送到肝臟。

小腸

胺基酸

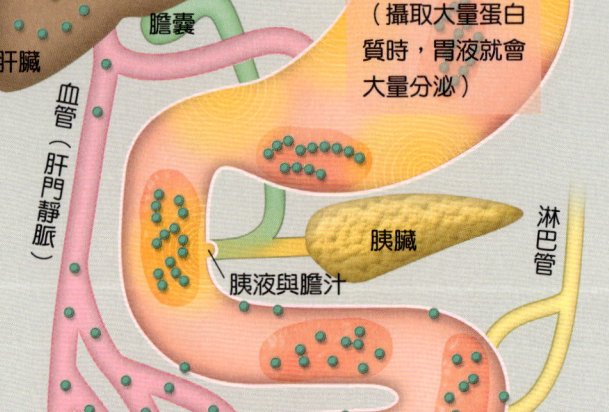

3.
胰液中含有大量消化酵素，如「胰蛋白酶」和「彈性蛋白酶」等等，這些酵素可以進一步分解蛋白質。

油或奶油時會發生什麼事？

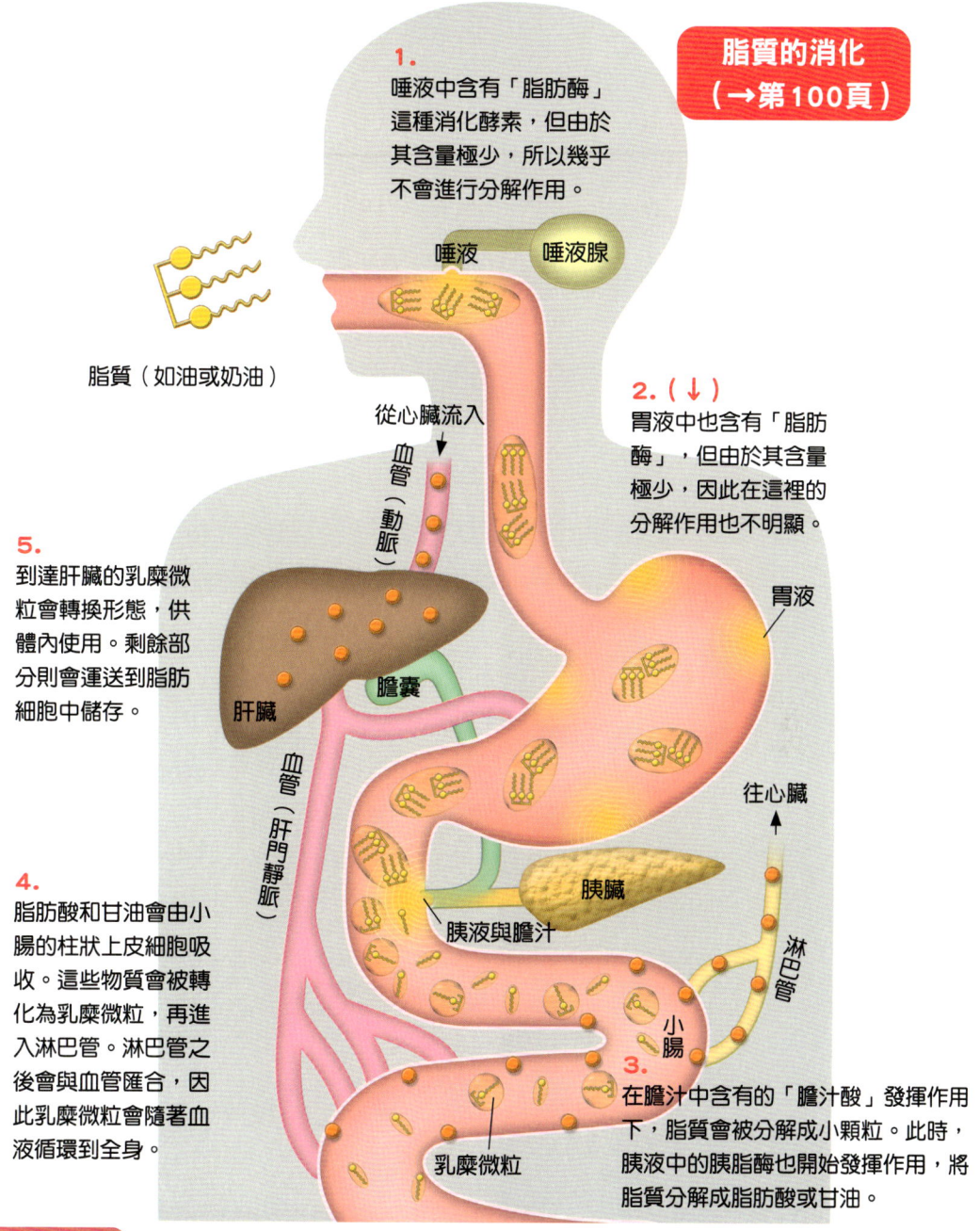

3 食物的通道

脂質的消化（→第100頁）

1. 唾液中含有「脂肪酶」這種消化酵素，但由於其含量極少，所以幾乎不會進行分解作用。

唾液　唾液腺

脂質（如油或奶油）

從心臟流入

血管（動脈）

2.（↓） 胃液中也含有「脂肪酶」，但由於其含量極少，因此在這裡的分解作用也不明顯。

胃液

5. 到達肝臟的乳糜微粒會轉換形態，供體內使用。剩餘部分則會運送到脂肪細胞中儲存。

肝臟　膽囊

血管（肝門靜脈）

胰臟

胰液與膽汁

往心臟

淋巴管

小腸

4. 脂肪酸和甘油會由小腸的柱狀上皮細胞吸收。這些物質會被轉化為乳糜微粒，再進入淋巴管。淋巴管之後會與血管匯合，因此乳糜微粒會隨著血液循環到全身。

3. 在膽汁中含有的「膽汁酸」發揮作用下，脂質會被分解成小顆粒。此時，胰液中的胰脂酶也開始發揮作用，將脂質分解成脂肪酸或甘油。

乳糜微粒

> **想知道更多**
> 維生素和礦物質因體積較小，可以直接在小腸吸收（不需消化）。

109

下課時間

胃會被溶解嗎？

胃液中含有一種強力的消化酵素，稱為「胃蛋白酶」。此外，胃液的酸性非常強，類似鹽酸或檸檬汁（能溶解物質）。那麼，為什麼胃不會被胃蛋白酶和胃酸所溶解呢？

如下圖所示，胃壁由內側的黏膜層和外側的肌肉層組成。黏膜在一些地方形成凹陷，稱為「胃腺」。這些胃腺會製造胃蛋白酶或分泌胃酸，同時也會分泌保護胃的黏液。正因為這些黏液，才能保護胃的表面不被溶解。

胃腺中有三種類型的細胞，分別負責製造胃蛋白酶、分泌胃酸和分泌黏液。

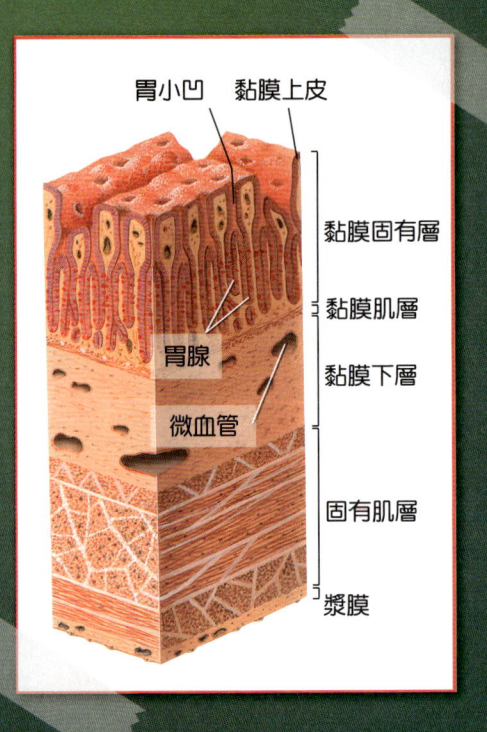

第4節課

腦是人體的司令塔

我們能夠思考和運動，全都要歸功於腦。此外，我們平常能夠健康活動，也是因為腦不斷地從全身收集訊息，並控制體內各種活動。

運動保健康！

01 腦雖然很小，卻消耗大量能量

　　腦負責我們生存所需的各種不同工作，因此每天消耗了全身大約20%的能量。這是所有器官中最高的數值，真是令人驚訝。

　　腦大致分為3個部分。最大的是「大腦」。大腦的外層（表層）有「大腦皮質」。大腦皮質主要負責思考、記憶、語言表達，以及處理感覺器官接收到的訊息。

　　「小腦」負責四肢的運動和保持姿勢。例如，當我們走路時，小腦會發出指令，讓雙腳的肌肉在適當時機交替收縮。「腦幹」則由間腦、中腦、橋腦和延腦構成，負責呼吸、血液流動、消化和排泄（如小便和大便）等維持生命的活動。

頭腦很重要，要好好保護！

想知道更多
成人的腦重量約 1200～1500 公克，約占體重的 2～3%。

人類腦部的構造（右腦剖面）

腦位於頭蓋骨內，浸泡在「腦脊髓液」這種無色透明液體中。

大腦
負責控制語言、思考、記憶、感覺等功能。

間腦
由視丘、下視丘及腦下垂體組成。下視丘主要透過自律神經和激素（→第124頁）來控制內臟的功能，並調節體溫。

後 →

松果體

視丘

下視丘

← 前

胼胝體
連結左右大腦的神經纖維束。

橋腦
連結中腦與延腦。

腦下垂體

小腦
負責四肢的運動（行走）、維持姿勢和平衡感等運動控制。

腦幹
由間腦、中腦、橋腦和延腦組成。

中腦
負責傳遞來自眼睛和耳朵的訊息（視覺、聽覺），並控制反射神經。

延腦
調節呼吸運動和血液流動。

113

02 大腦皮質上的皺褶是硬塞造成的

大腦的表面布滿皺褶，這些皺褶是將大片皮層（大腦皮質）塞進有限空間造成的。大腦皮質以大片皺褶為界，分為額葉、頂葉、顳葉和枕葉4個區塊，並各自負責不同的功能。

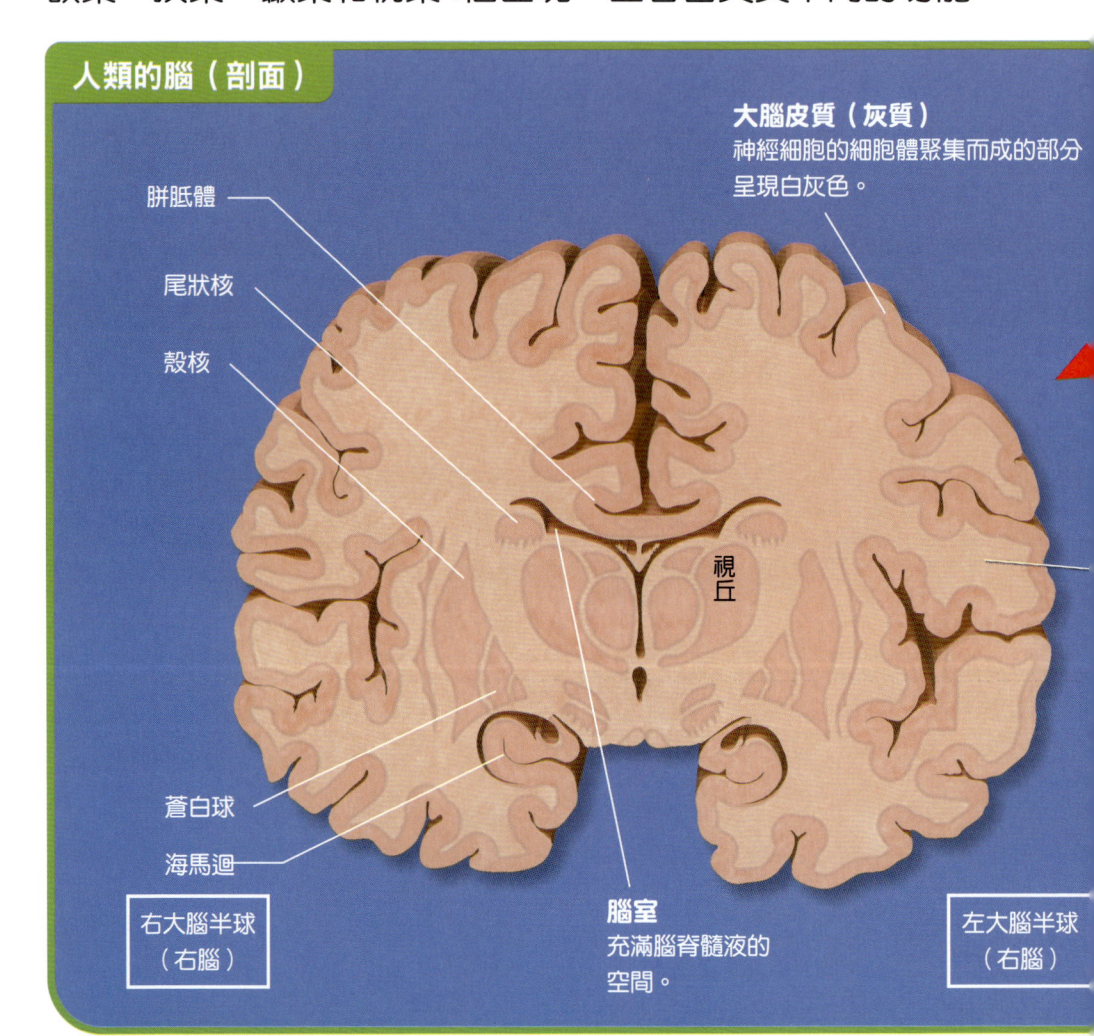

人類的腦（剖面）

大腦皮質（灰質）
神經細胞的細胞體聚集而成的部分呈現白灰色。

胼胝體
尾狀核
殼核
視丘
蒼白球
海馬迴

右大腦半球（右腦）

腦室
充滿腦脊髓液的空間。

左大腦半球（右腦）

第116頁的插圖使用不同顏色標示了這些腦葉。圖中的數字是德國解剖學家科比尼安・布羅德曼（Korbinian Brodmann）所制定的，稱為「布羅德曼分區」。

　　布羅德曼觀察了人類的大腦皮質，在1909年發表了將其劃分為43個「區域」的地圖。布羅德曼分區至今仍然用於指示大腦皮質的各個部位。

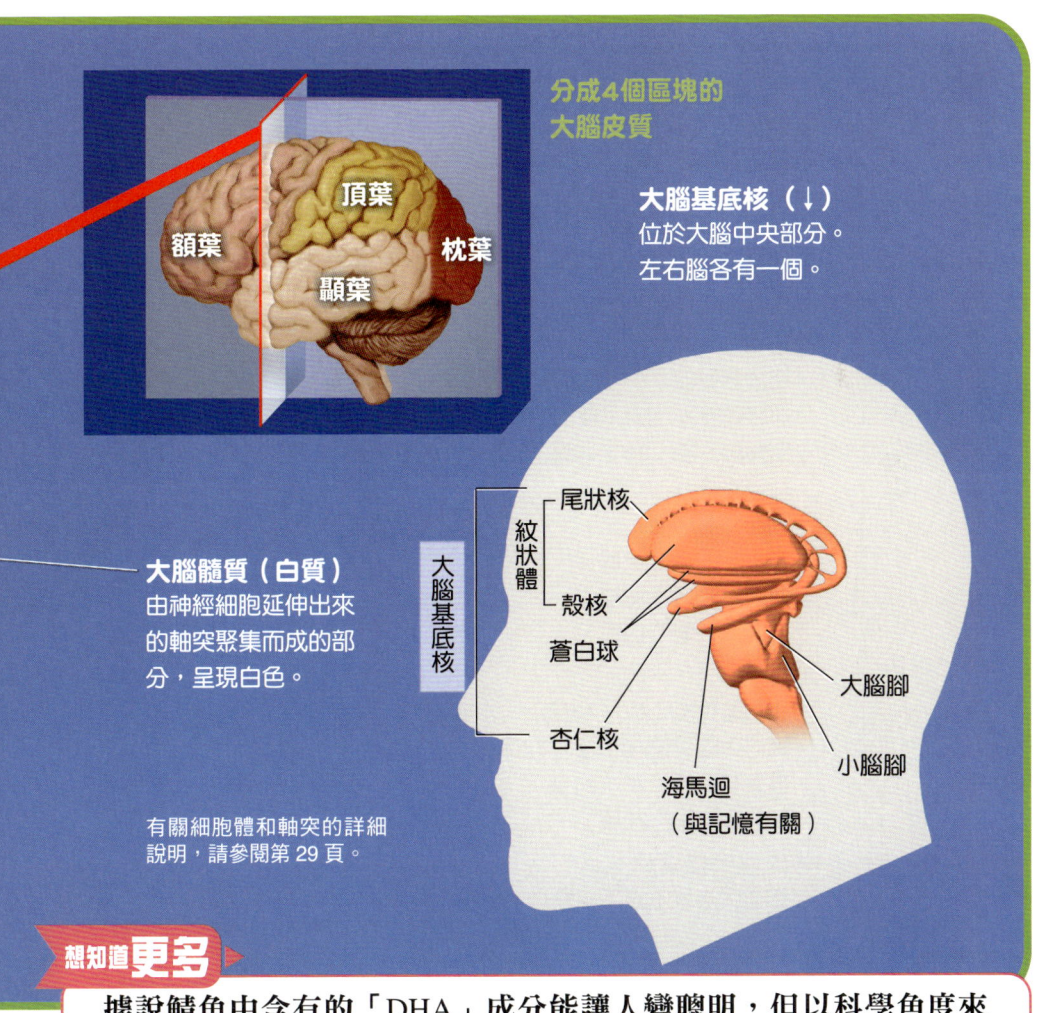

分成4個區塊的大腦皮質

- 額葉
- 頂葉
- 顳葉
- 枕葉

大腦基底核（↓）
位於大腦中央部分。左右腦各有一個。

大腦髓質（白質）
由神經細胞延伸出來的軸突聚集而成的部分，呈現白色。

有關細胞體和軸突的詳細說明，請參閱第29頁。

大腦基底核
紋狀體
- 尾狀核
- 殼核
- 蒼白球
- 杏仁核

大腦腳
小腦腳
海馬迴（與記憶有關）

想知道更多
據說鯖魚中含有的「DHA」成分能讓人變聰明，但以科學角度來說尚未得到證實。

4 腦是人體的司令塔

右腦（從內側觀察時）

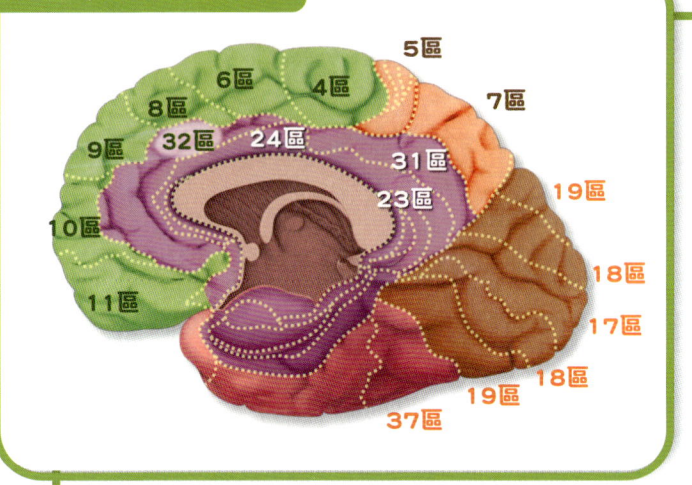

5區
6區 4區
8區 7區
9區 32區 24區 31區
23區 19區
10區
18區
11區 17區
18區
19區
37區

前額葉區
在額葉中，負責特別高級的活動。

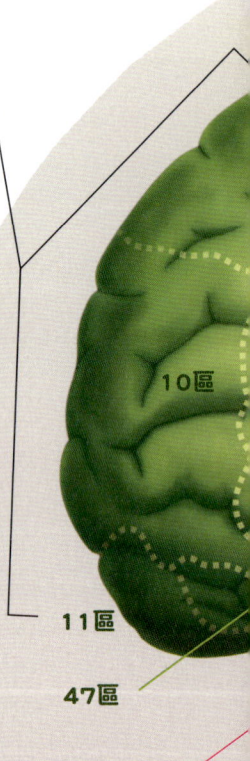

大腦
- **額葉**
  初級運動區（4區）
  前運動區（6區）
  額葉眼動區（8區）
  前額葉區（9～11、44～47區）
  布洛卡區（44、45區）
- **頂葉**
  初級體覺區（1、2、3區）
  次級體覺區（5、7區）
  頂葉聯合區（39、40區）
  初級味覺區（43區）
- **枕葉**
  初級視覺區（17區）
  次級視覺區（18區）
  三級視覺區（19區）
- **顳葉**
  初級聽覺區（41、42區）
  韋尼克區/次級聽覺區（22區）
  顳葉聯合區（20、21區）
  初級嗅覺區（28區）
- **大腦邊緣系統**
  包圍大腦基底核（→第114頁）

10區

11區

47區

外側溝
（薛氏裂）

遊戲區！

想知道更多
由於分區編號包含 2 個缺號與 13 個合併號，因此總共有 52 個區域。

4 腦是人體的司令塔

左腦（從外側觀察時）

前額葉區、布洛卡區、韋尼克區、頂葉聯合區和前扣帶皮質區等區域在人體中特別發達。一般認為這些區域是使人類具有人類特質的重要部位。

布羅德曼分區

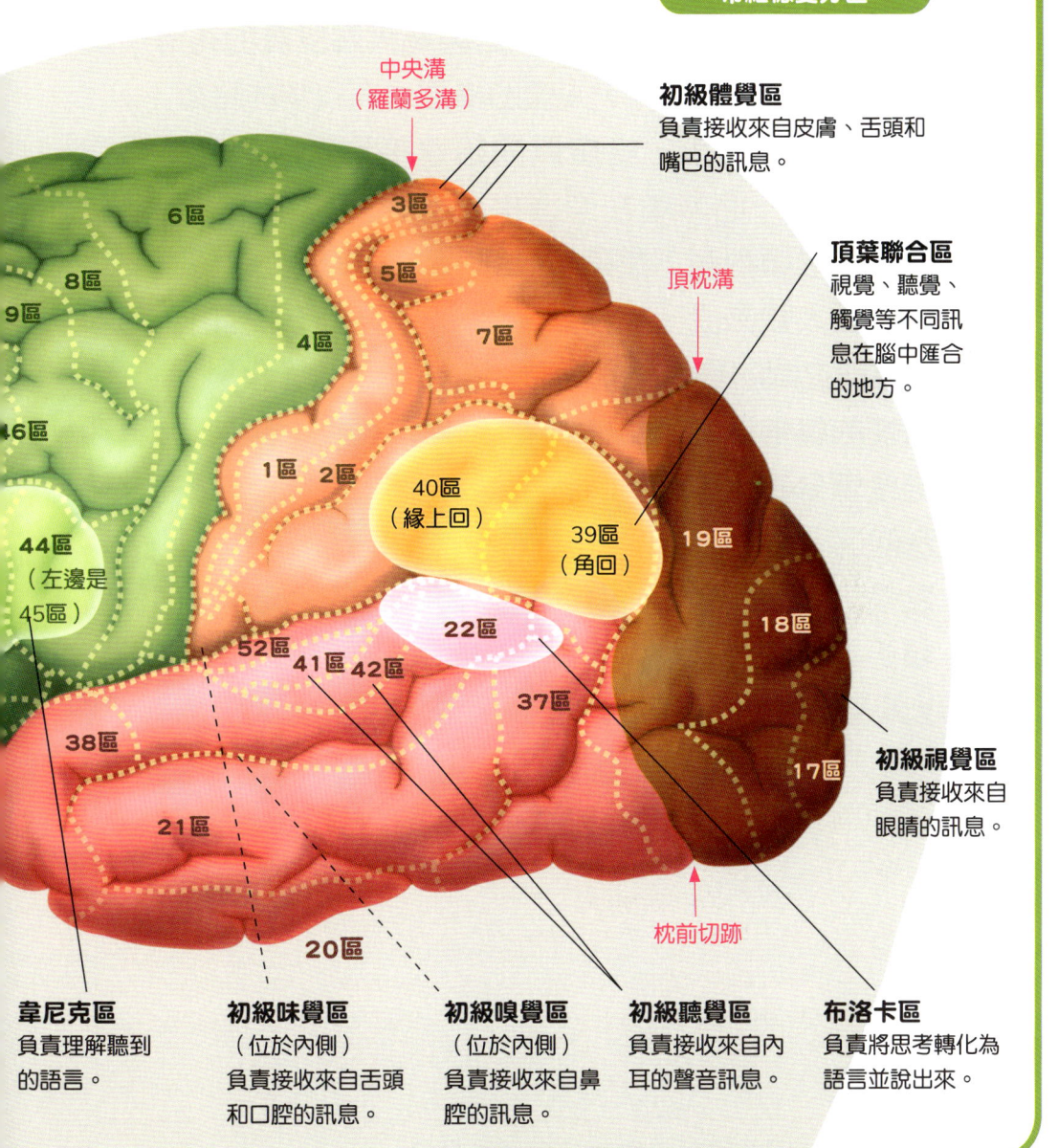

中央溝（羅蘭多溝）

初級體覺區
負責接收來自皮膚、舌頭和嘴巴的訊息。

頂枕溝

頂葉聯合區
視覺、聽覺、觸覺等不同訊息在腦中匯合的地方。

6區、3區、5區、8區、9區、4區、7區、46區、1區、2區、40區（緣上回）、39區（角回）、19區、44區（左邊是45區）、22區、18區、52區、41區、42區、37區、38區、17區、21區、20區

初級視覺區
負責接收來自眼睛的訊息。

枕前切跡

韋尼克區
負責理解聽到的語言。

初級味覺區
（位於內側）
負責接收來自舌頭和口腔的訊息。

初級嗅覺區
（位於內側）
負責接收來自鼻腔的訊息。

初級聽覺區
負責接收來自內耳的聲音訊息。

布洛卡區
負責將思考轉化為語言並說出來。

03 人類為什麼能夠進行語言交流？

　　人類之所以能夠操控語言，是因為大腦皮質的布洛卡區和韋尼克區很發達。此外，人體的構造也有獨特的特徵。

　　如右頁插圖所示，從會厭開始連接到氣管的空氣管道稱為「喉頭」，而緊鄰在旁連接到食道的食物管道則稱為「咽頭」。喉頭內有「聲帶」，這些肌肉的振動會產生「聲音」。對於人類來說，這種振動在通過口腔時，經由舌頭、嘴脣和牙齒之間的變化，就能形成各種不同的聲音。

　　男性的聲帶通常比女性的聲帶粗且寬，尤其到了青春期時，男性會分泌大量的睪固酮，導致聲帶變得更粗更寬，使得聲音低沉。

　　順帶一提，在非人類的哺乳動物身上，牠們的喉頭位置比人類更高（接近鼻腔後方）。因此聲帶產生的空氣振動會逸散到鼻腔，失去效果，就無法像人類一樣有效「調音」。

> **想知道更多**
> 聲帶是肌肉，因此隨著年齡增長會逐漸衰退。

4 腦是人體的司令塔

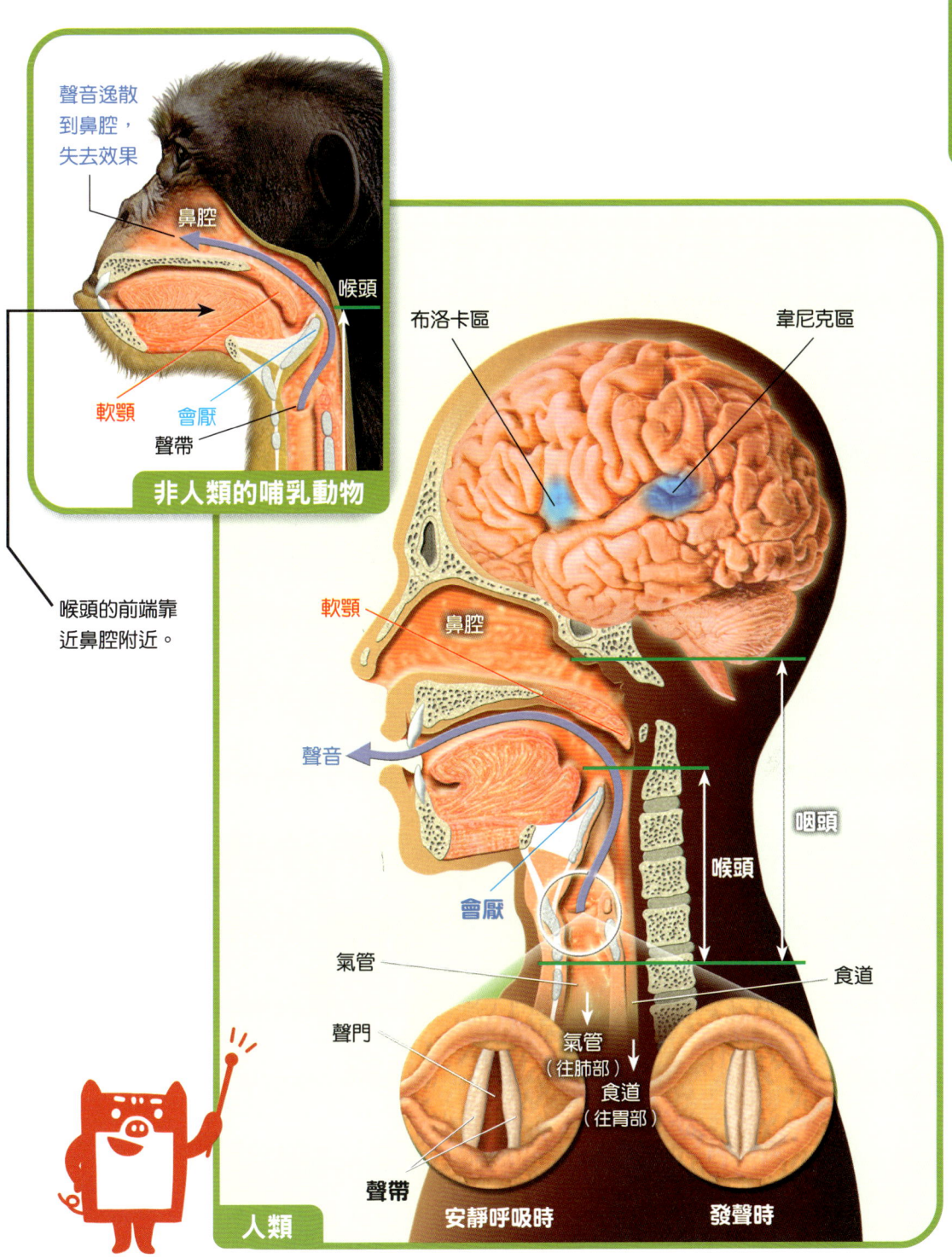

聲音逸散到鼻腔，失去效果

鼻腔
喉頭
軟顎　會厭
聲帶

非人類的哺乳動物

喉頭的前端靠近鼻腔附近。

布洛卡區　韋尼克區

軟顎
鼻腔
聲音
會厭
氣管
聲門
食道
氣管（往肺部）
食道（往胃部）
聲帶

咽頭
喉頭

人類　　安靜呼吸時　　發聲時

119

04 腦暗中維持身體環境的穩定

　　腦（腦幹）在我們不知不覺中自動調節體內環境，並保持在一定範圍內。其中一個機制就是「自律神經（系統）」。自律神經系統主要由「交感神經」和「副交感神經」組成。交感神經和副交感神經通常連接到相同的器官，並發揮相反的作用。

　　例如，當我們承受壓力或面臨危險時，身體會出現心跳加速、瞳孔（黑眼珠）放大、出汗等變化，這些都是交感神經的作用。相反地，在放鬆或睡眠時，心跳減慢、瞳孔縮小、出汗減少，這些變化則是副交感神經的作用。

> **想知道更多**
> 保持體內環境在一定範圍內的機制稱為「體內平衡」。

―圖接第123頁

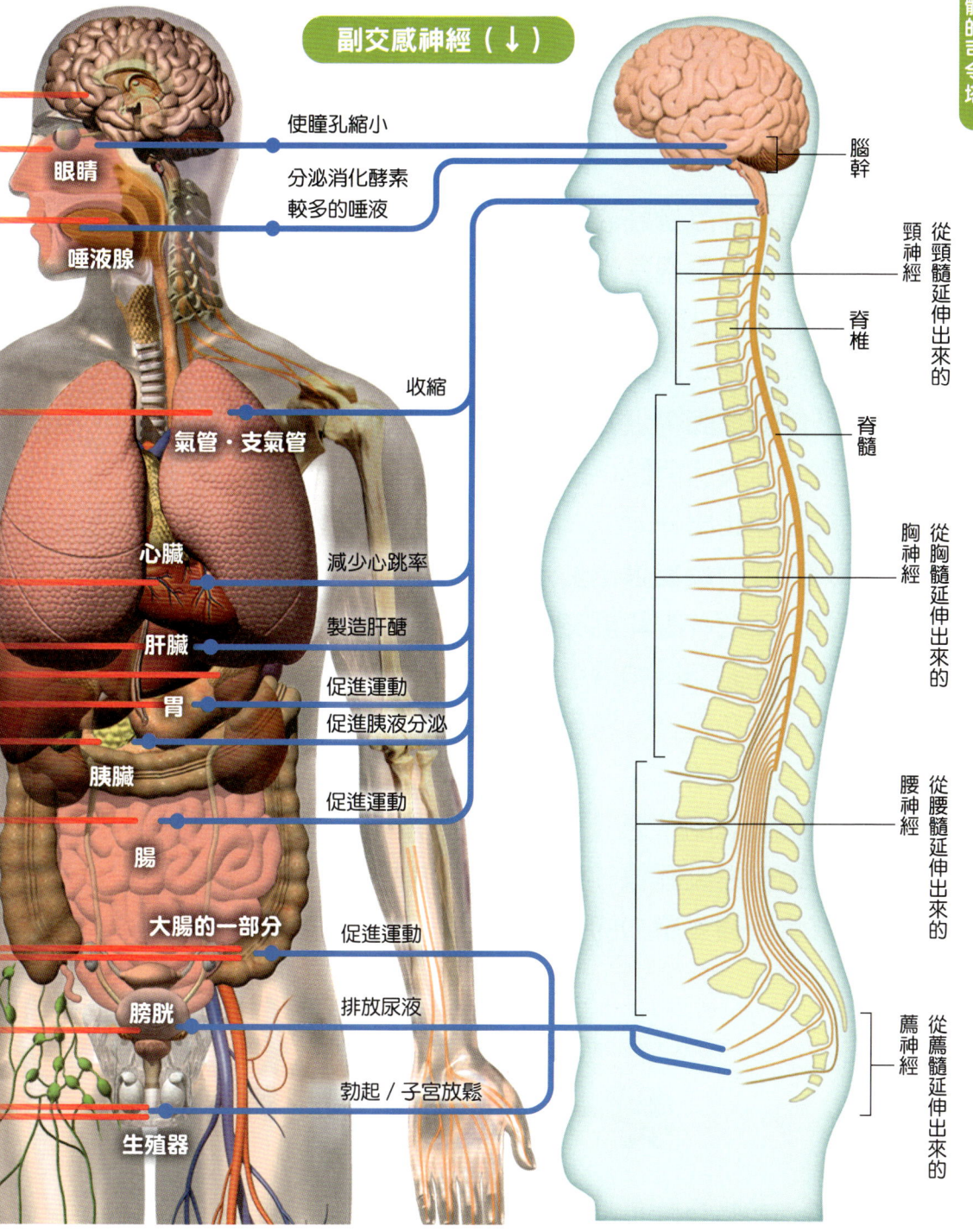

副交感神經（↓）

- 眼睛 — 使瞳孔縮小
- 唾液腺 — 分泌消化酵素較多的唾液
- 氣管・支氣管 — 收縮
- 心臟 — 減少心跳率
- 肝臟 — 製造肝醣
- 胃 — 促進運動
- 胰臟 — 促進胰液分泌
- 腸 — 促進運動
- 大腸的一部分 — 促進運動
- 膀胱 — 排放尿液
- 生殖器 — 勃起/子宮放鬆

腦幹

從頸髓延伸出來的 頸神經

脊椎

脊髓

從胸髓延伸出來的 胸神經

從腰髓延伸出來的 腰神經

從薦髓延伸出來的 薦神經

4 腦是人體的司令塔

05 自律神經有時也會失去平衡

　　自律神經就像翹翹板一樣，經常調節我們身體的運作，但偶爾也會失去平衡。

　　例如，在炎熱的夏天外出時，體內的交感神經開始運作，減弱胃腸的活動，或是讓我們出汗以便調節體溫。另一方面，當我們進入有空調的涼爽房間時，副交感神經便會開始運作，試圖停止出汗。

　　如果我們反覆進出炎熱的室外和冷氣充足的室內，交感神經和副交感神經可能會無法順利切換。在副交感神經應該發揮作用的時候，交感神經卻在運作，導致寒冷時仍出汗等異常反應。這就是所謂的「中暑」，也可以說是自律神經失調的狀態。此外，自律神經的失調還會出現在白天睡覺，半夜起床活動的生活作息，或承受強大壓力的情況下。

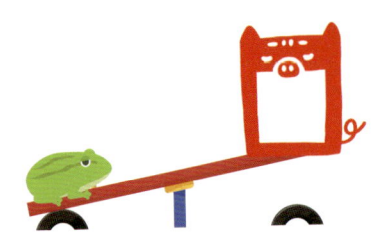

脊髓

交感神經幹

想知道更多
吃飽後會感到想睡，這也是副交感神經造成的。

122

（←上接第121頁）

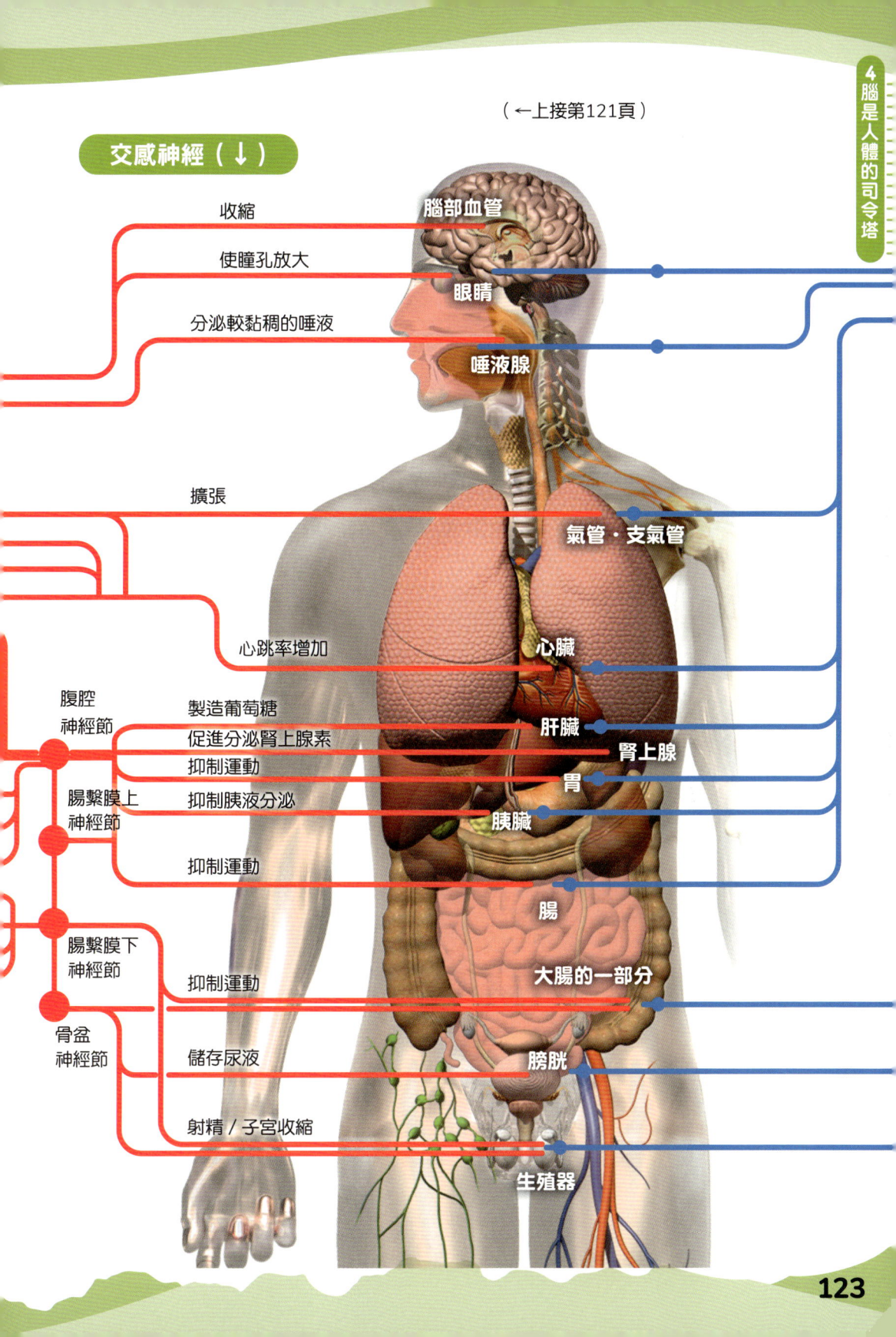

4 腦是人體的司令塔

交感神經（↓）

- 收縮 —— 腦部血管
- 使瞳孔放大 —— 眼睛
- 分泌較黏稠的唾液 —— 唾液腺
- 擴張 —— 氣管・支氣管
- 心跳率增加 —— 心臟

腹腔神經節
- 製造葡萄糖 —— 肝臟
- 促進分泌腎上腺素 —— 腎上腺
- 抑制運動 —— 胃

腸繫膜上神經節
- 抑制胰液分泌 —— 胰臟
- 抑制運動 —— 腸

腸繫膜下神經節
- 抑制運動 —— 大腸的一部分

骨盆神經節
- 儲存尿液 —— 膀胱
- 射精／子宮收縮 —— 生殖器

123

06 與自律神經合作的激素

調節體內環境還有另一種機制，就是「激素」（舊譯荷爾蒙，屬於內分泌系統）。激素是透過血液來調節身體各種功能的物質，並與自律神經合作。

當大腦（下視丘）接收到壓力訊號後，「腎上腺皮質」會釋放「糖皮質素」這種激素進入血液中，促使身體做好應

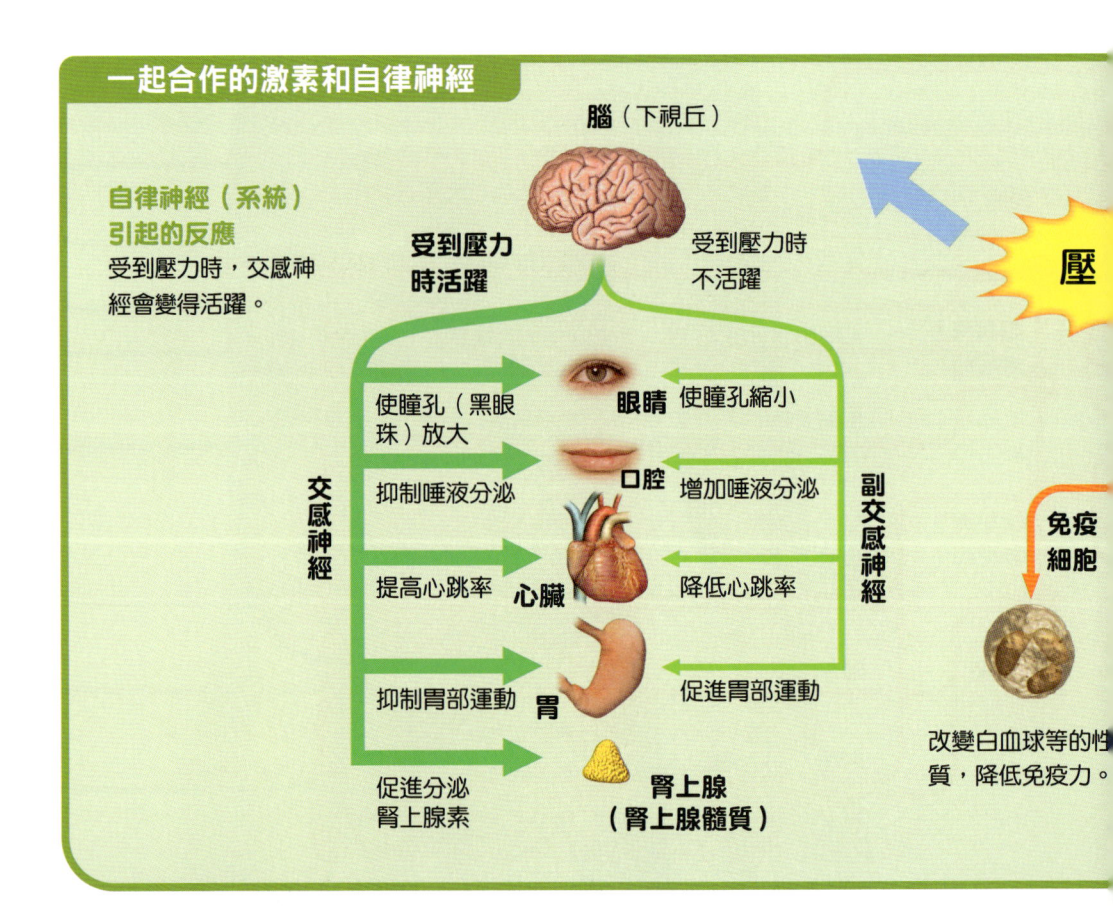

一起合作的激素和自律神經

自律神經（系統）引起的反應
受到壓力時，交感神經會變得活躍。

腦（下視丘）

受到壓力時活躍 — 受到壓力時不活躍

壓

交感神經
- 使瞳孔（黑眼珠）放大　眼睛　使瞳孔縮小
- 抑制唾液分泌　口腔　增加唾液分泌
- 提高心跳率　心臟　降低心跳率
- 抑制胃部運動　胃　促進胃部運動
- 促進分泌腎上腺素

副交感神經

腎上腺（腎上腺髓質）

免疫細胞
改變白血球等的性質，降低免疫力。

124

對壓力的準備。相反地，在放鬆時，則會釋放出「催產素」等激素，減少焦慮或緩解疼痛。

　　自律神經（系統）的反應會在壓力出現後幾秒內發生，當壓力消失後，身體也會立即恢復原狀。另一方面，激素（內分泌系統）的反應則會在壓力出現後數分鐘才開始，而且即使壓力消失，這些反應仍可持續數小時。

　　所有的多細胞生物都會產生激素，僅需很少量便可改變細胞的新陳代謝。

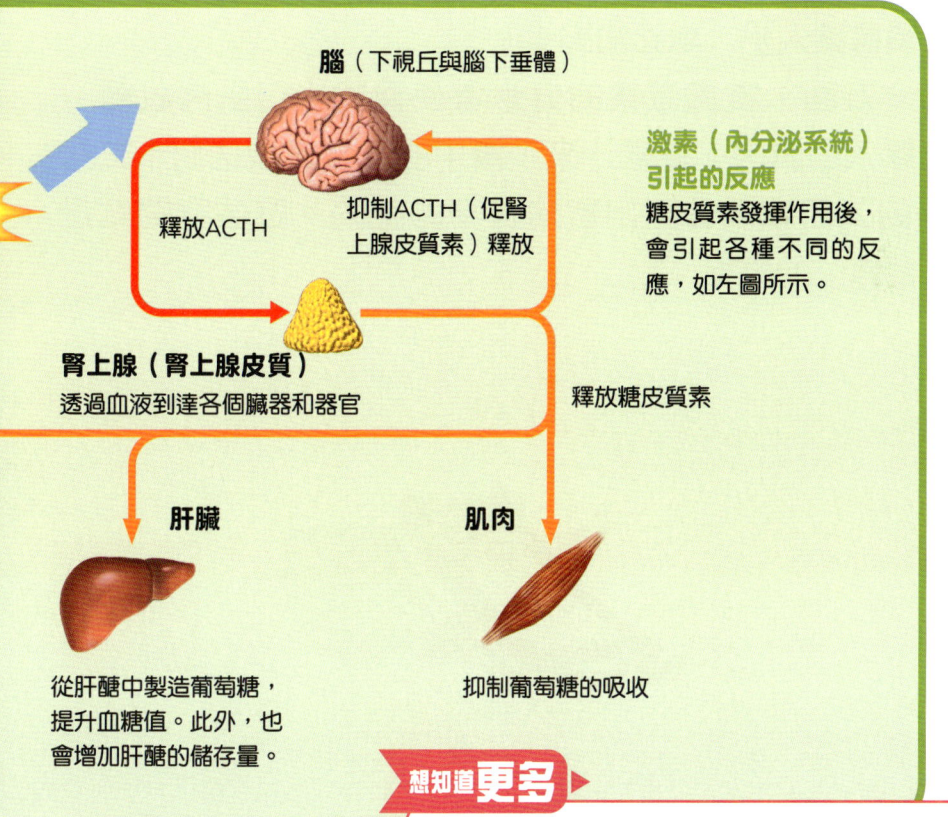

腦（下視丘與腦下垂體）

釋放ACTH

抑制ACTH（促腎上腺皮質素）釋放

腎上腺（腎上腺皮質）
透過血液到達各個臟器和器官

釋放糖皮質素

激素（內分泌系統）引起的反應
糖皮質素發揮作用後，會引起各種不同的反應，如左圖所示。

肝臟
從肝醣中製造葡萄糖，提升血糖值。此外，也會增加肝醣的儲存量。

肌肉
抑制葡萄糖的吸收

想知道更多
腎上腺皮質是位於腎臟上方的「腎上腺」這個臟器的一部分（→第157頁）。

07 腦讓我們能有「另一個胃」享用甜點

　　吃完飯後，有些人會說「用另一個胃來吃甜點！」接著便繼續享用甜點。明明肚子已經很飽了，為什麼還能再吃東西呢？

　　喜歡甜食的人看到甜點時，他們的腦部會分泌出一些物質，例如，與興奮和愉悅感有關的「多巴胺」、帶來滿足感和幸福感的「β腦內啡」，以及增進食慾的「食慾激素」。這些物質會讓人更「想吃甜點！」

　　另一方面，食慾激素的分泌會使胃的出口肌肉收縮，同時放鬆入口肌肉。這樣一來，胃中的食物會被送到十二指腸，胃的入口處就會騰出容納食物的空間。這個空間就是「另一個胃」的真相。

想知道更多
食慾激素也是與清醒（保持清醒狀態）有關的物質。

4 腦是人體的司令塔

「上癮」的感覺也是腦部引發的。當我們攝取含有大量油脂的食物，例如霜降肉或拉麵時，大腦（下視丘）分泌的多巴胺會提升「想要更多」的感覺，β腦內啡則會帶來幸福感，使食物顯得格外美味，因此會想要再次享受這樣的美食。

08 腦袋越大、越重的人越聰明嗎？

人們常說「聰明的人腦袋較大（較重）」，但這是否屬實？事實上，過去曾針對德國數學家卡爾・高斯（Carl Gauss），以及日本文豪夏目漱石的腦袋進行過研究，然而，關於腦袋的重量與智能之間的關聯，至

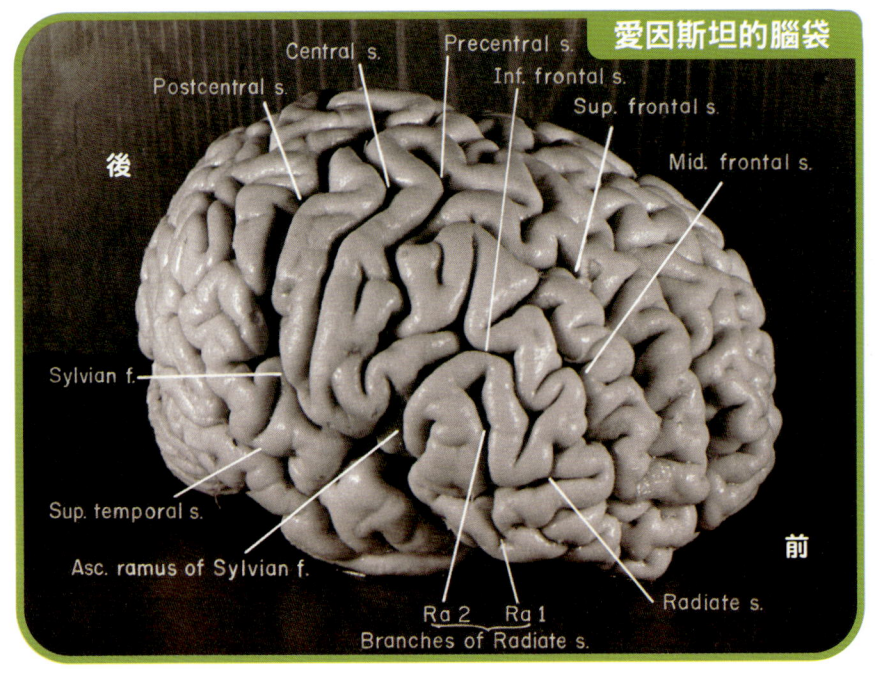

愛因斯坦的腦袋

（↑）(OHA184.06.001.002.00001.00008). OHA 184.06 Harvey Collection. Otis Historical Archives, National Museum of Health and Medicine.,
（→）(OHA184.06.001.002.00001.00012). OHA 184.06 Harvey Collection. Otis Historical Archives, National Museum of Health and Medicine.

想知道更多

愛因斯坦的腦袋特徵究竟是天生或後天形成的，至今尚不清楚。

今尚無明確的答案。

二十世紀的天才物理學家阿爾伯特·愛因斯坦（Albert Einstein）的腦袋也曾被研究過。研究顯示，愛因斯坦的腦袋重量與同年齡的男性並無差異。

另一方面，愛因斯坦的前額葉區（→第117頁）皺褶在某些區域較多且較長。前額葉區與計畫和推理等「思考」活動有關。此外，皺褶多且長意謂著其表面積比一般人更大。

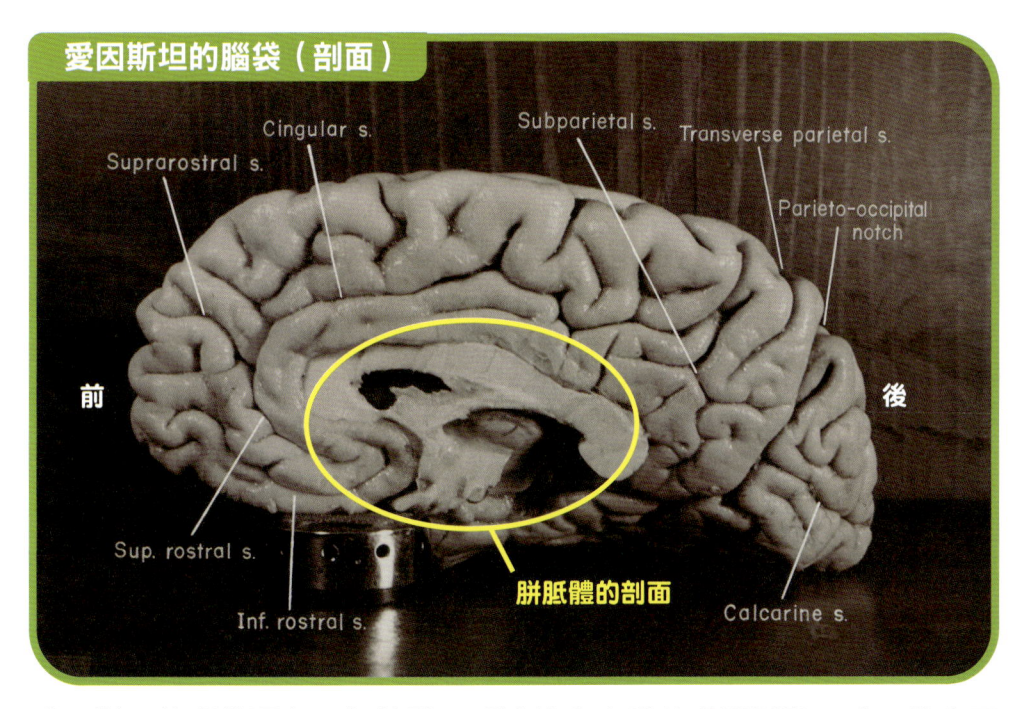

愛因斯坦的腦袋（剖面）

愛因斯坦的腦袋還有一個特點，即連接左右腦的「胼胝體」比一般人更厚（通過胼胝體的神經數量較多，左右腦的連接更強）。

各種調查和分析結果顯示，愛因斯坦的天才靈感可能與他擁有較大的前額葉區和較厚的胼胝體有關。

下課時間

頭痛是如何發生的？

當我們頭痛時，頭部裡面發生了什麼事情呢？

頭痛有各種不同的類型，例如「偏頭痛」。一般認為偏頭痛的其中一個原因是由於大腦血管發炎（腫脹）。當血管發炎時，腦血管細胞中的「環氧合酶（COX）」會釋放出「前列腺素」這種物質。前列腺素會影響附近「傳遞痛覺的神經」，進而引發頭痛。

第5節課

感覺器官

在餐廳裡能夠順利運送餐點而不撞到障礙物的機器人，是因為它們利用感測器和攝影機來感知周圍的環境。同樣地，我們的身體也有各種感覺器官，用來接收溫度和光線等外界訊息。

好痛……！

01 我們是透過大腦看見和聽到的

我用心靈之眼觀看……

首先來個問答題。眼睛是具有什麼功能的器官呢？如果你的回答是「看東西」，很遺憾，你答錯了。

眼睛只是捕捉光線（即眼前物體的訊息）的地方，真

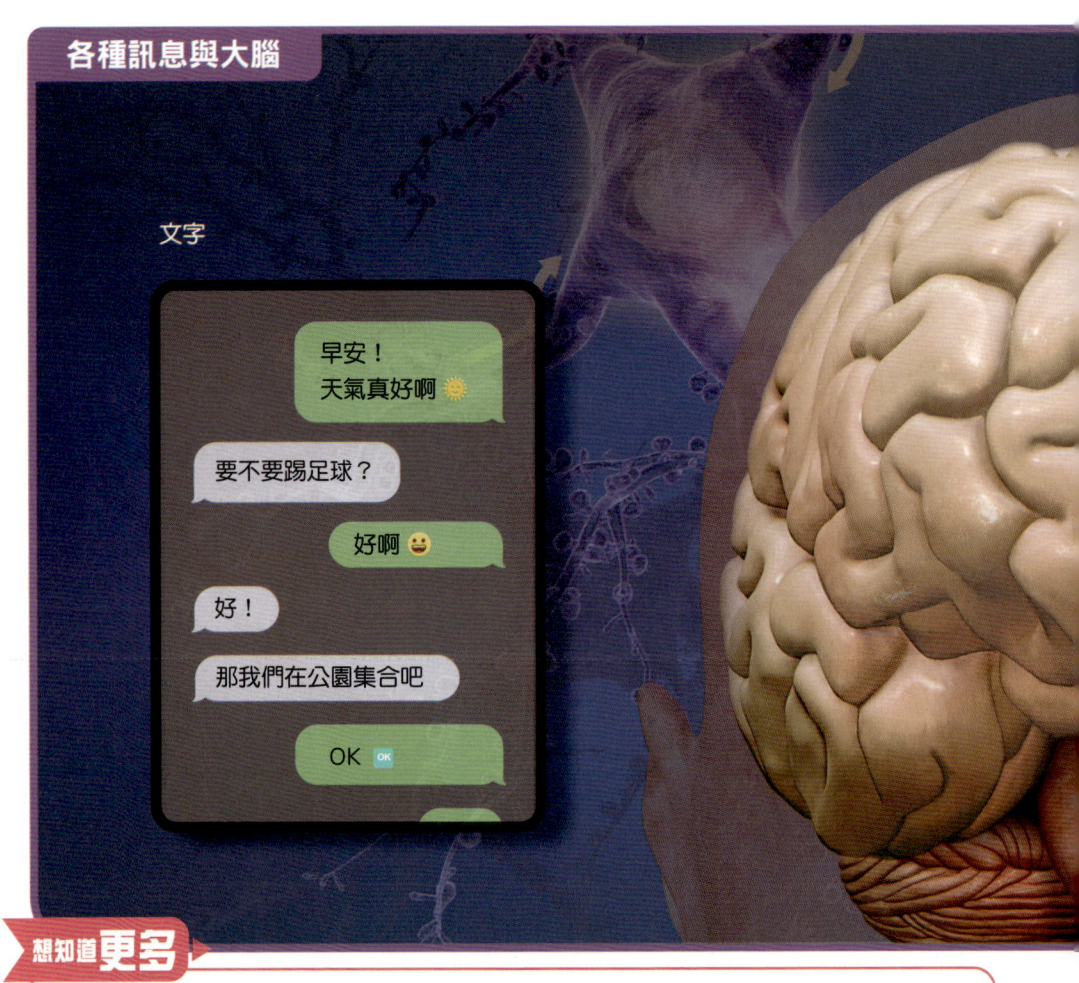

各種訊息與大腦

文字

早安！
天氣真好啊

要不要踢足球？

好啊

好！

那我們在公園集合吧

OK

想知道更多

大腦皮質每立方公分所含的神經細胞總長度可達數公里。

正負責識別（看見東西）的是「大腦」。這一點對耳朵（聲音）、鼻子（氣味）、舌頭（味道）以及皮膚（觸覺）等其他感覺器官也是一樣的。

　　眼睛捕捉到的光線首先在眼睛內部被轉換為電訊號，然後經由各種神經傳遞，最終到達大腦皮質的「視覺區」。隨後，大腦皮質的各個區域逐步對訊息進行分析，這樣我們就能夠理解「眼前有一顆紅蘋果」等情況。

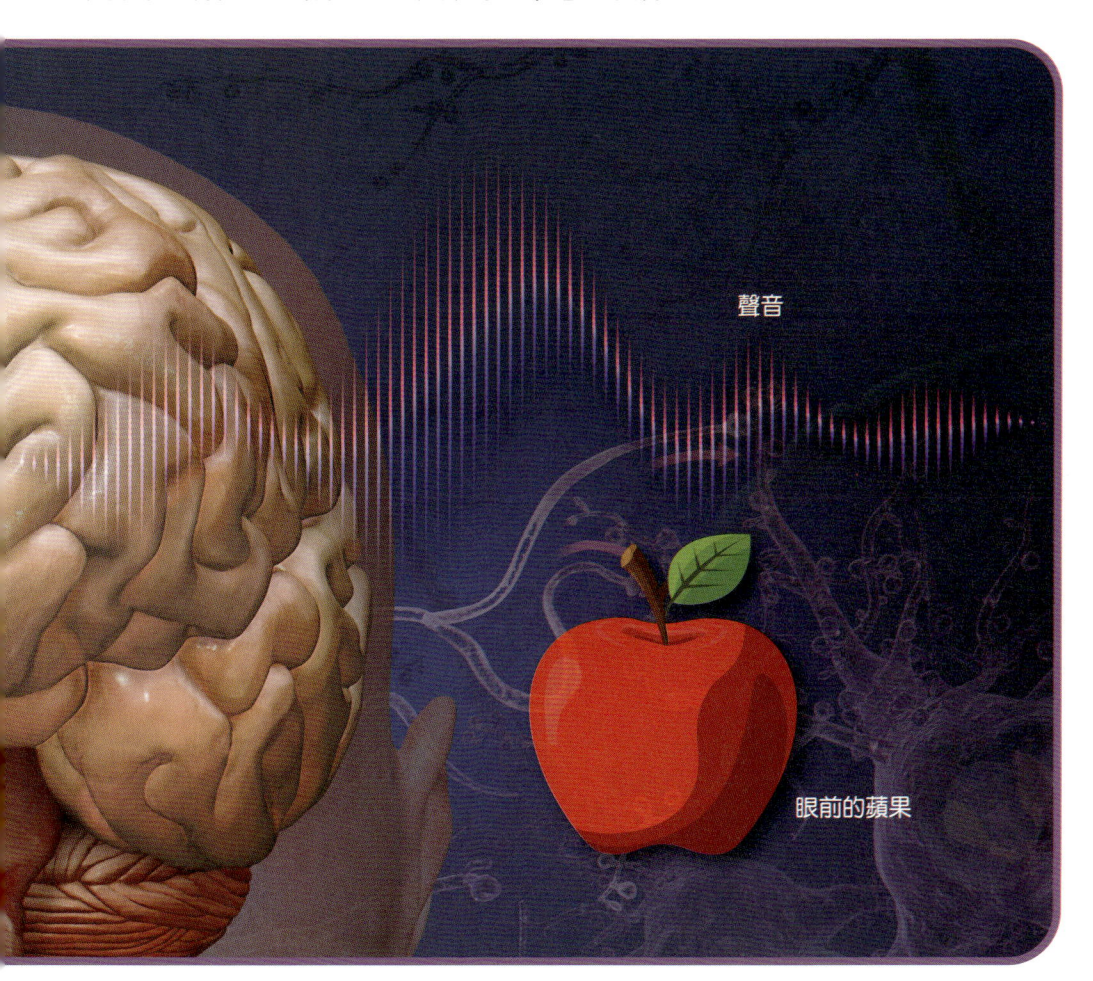

02 眼睛構造就像數位相機一樣

下面描繪的是眼睛（眼球）的構造。

眼睛和數位相機有許多相似之處。數位相機透過「光圈」來調節捕捉的光線量，然後透過「鏡頭」進行折射，最後由「影像感測器」接收。在眼睛中，光圈相當於「虹膜」，鏡頭則包括「角膜」和「水晶體」，影像感測器則是

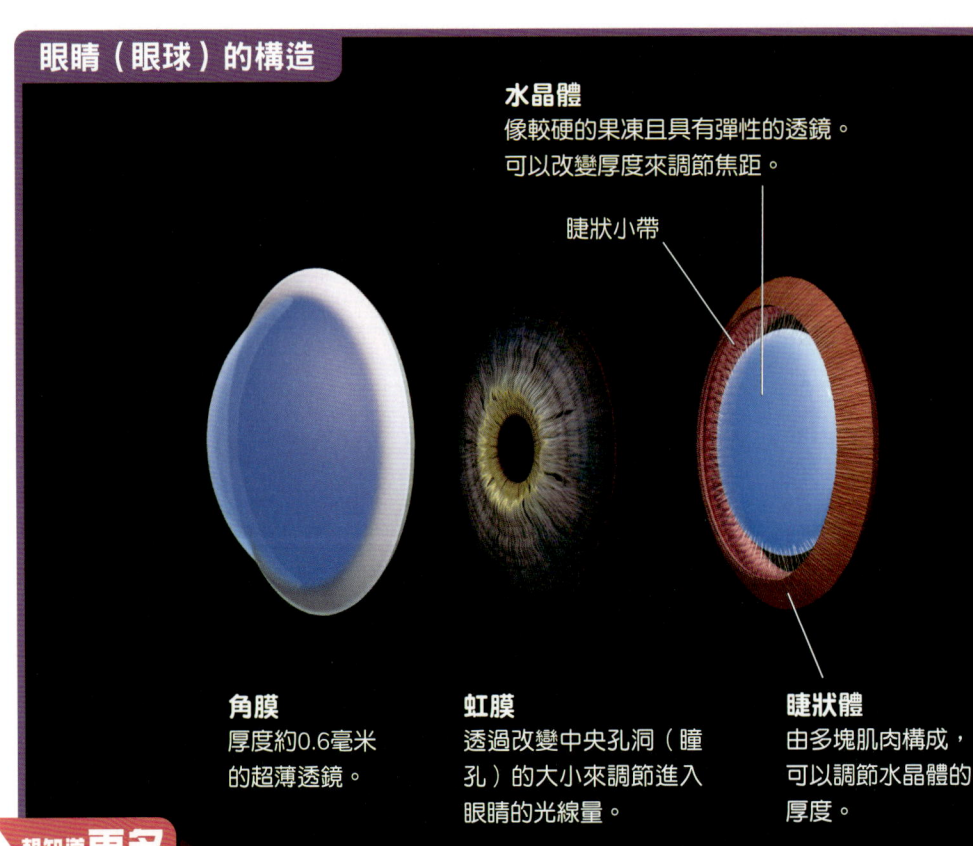

眼睛（眼球）的構造

水晶體
像較硬的果凍且具有彈性的透鏡。可以改變厚度來調節焦距。

睫狀小帶

角膜
厚度約0.6毫米的超薄透鏡。

虹膜
透過改變中央孔洞（瞳孔）的大小來調節進入眼睛的光線量。

睫狀體
由多塊肌肉構成，可以調節水晶體的厚度。

想知道更多

數位相機和眼睛還有一個共同點，即它們都將物體視為小點（畫素）的集合體來捕捉。

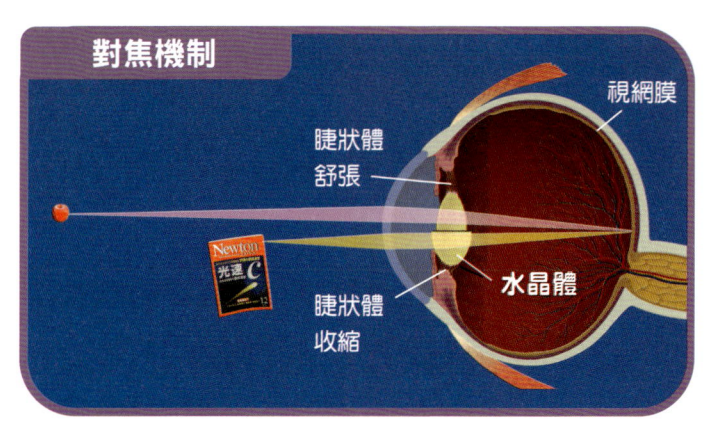

「視網膜」。此外，兩者都將接收到的光（捕捉的訊息）轉換成電訊號來處理。人眼對焦速度極高，在0.5秒內就能完成從最遠到最近的切換。

對焦機制

睫狀體舒張
視網膜
睫狀體收縮
水晶體

看遠物時（圖的上方），睫狀體會舒張，水晶體則變薄。相反地，看近物時（圖的下方），睫狀體會收縮，水晶體則變厚。

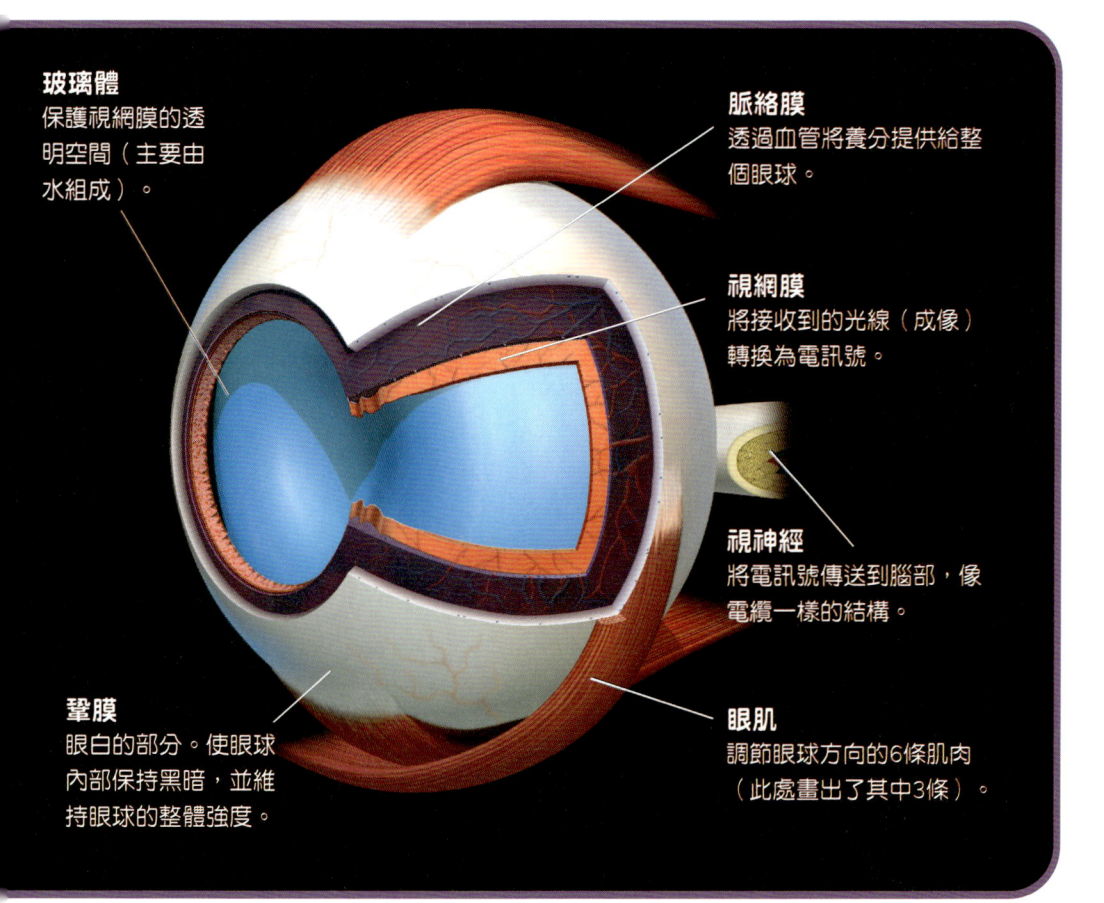

玻璃體
保護視網膜的透明空間（主要由水組成）。

脈絡膜
透過血管將養分提供給整個眼球。

視網膜
將接收到的光線（成像）轉換為電訊號。

視神經
將電訊號傳送到腦部，像電纜一樣的結構。

鞏膜
眼白的部分。使眼球內部保持黑暗，並維持眼球的整體強度。

眼肌
調節眼球方向的6條肌肉（此處畫出了其中3條）。

5 感覺器官

03 「紅蘋果」是否真的存在？

在視網膜上布滿著捕捉光線的「感光細胞」。這些感光細胞分為視桿細胞和視錐細胞。在月光（滿月）這種明亮程度下看東西時，視覺主要由「視桿細胞」負責，而在更亮的環境下，則是由「視錐細胞」發揮主要作用。

當我們從明亮的地方進入暗處時，一開始什麼都看不見，但漸漸地我們就能看見東西。這時正是感光細胞在進行切換。

此外，視錐細胞也與色彩感知有關。「色彩」是物體反射（反彈）的光。例如，蘋果本身並非紅色，而是反射出紅色的光。光以波浪的形式（以波浪線形狀呈現：～～～）在空間中前進，相鄰波峰之間距離較短（即波長較短）的光主要呈現紫色或藍色，而相鄰波峰之間距離較長（即波長較長）的光主要呈現紅色。

想知道更多

在一隻眼睛中，大約有 1 億 2000 萬個視桿細胞和約 600 萬個視錐細胞。

集中在視網膜中心的「顏色感測器」

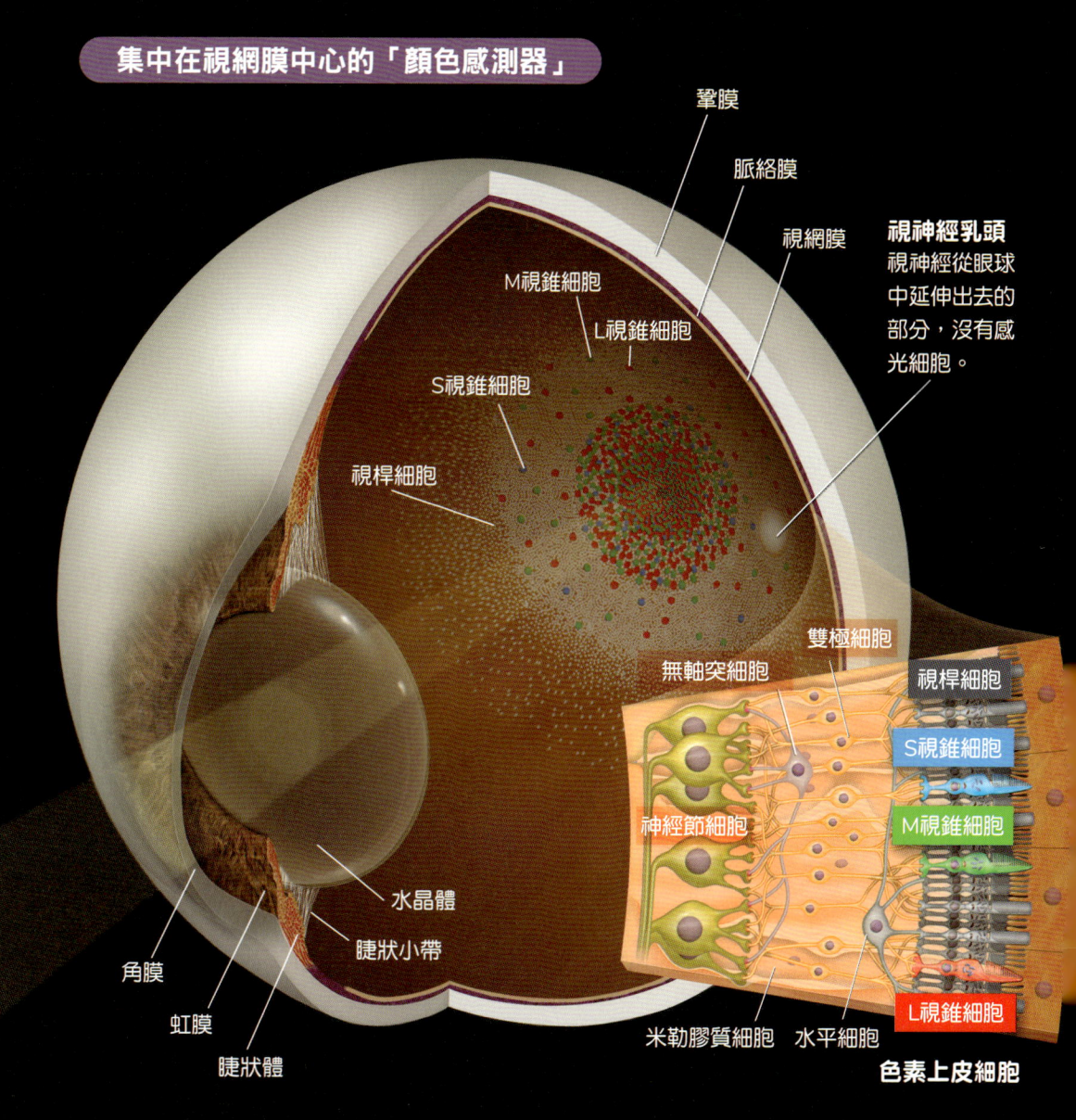

- 鞏膜
- 脈絡膜
- 視網膜
- M視錐細胞
- L視錐細胞
- S視錐細胞
- 視桿細胞
- 無軸突細胞
- 雙極細胞
- 神經節細胞
- 米勒膠質細胞
- 水平細胞
- 色素上皮細胞
- 視桿細胞
- S視錐細胞
- M視錐細胞
- L視錐細胞
- 水晶體
- 睫狀小帶
- 角膜
- 虹膜
- 睫狀體

視神經乳頭
視神經從眼球中延伸出去的部分，沒有感光細胞。

視錐細胞分為「L視錐細胞」「M視錐細胞」「S視錐細胞」，它們各自對不同波長的光有較敏感的反應。大腦透過整合這些細胞的訊息來判斷顏色。

※雖然視錐細胞負責色彩的區分，但它們本身並沒有顏色。

5 感覺器官

137

04 在視網膜上形成的影像會上下左右顛倒

視網膜接收到的光線會轉換成電訊號，然後傳送到連接大腦的視神經。在這個過程中，左右眼的「右側」捕捉到的訊息會集中在一起，送往右腦的大腦皮質（初級視覺區）。同樣地，左右眼的「左側」捕捉到的訊息也會集中在一起，送往左腦的初級視覺區。接著，從初級視覺區開始，訊息會依序傳送到大腦皮質的其他區域（如次級、三級、四級視覺區）。透過這個過程，眼睛捕捉到的物體顏色、形狀、位置和動作等訊息會逐漸被分析，最終形成「視覺」。

事實上，在視網膜形成的影像與實物是上下顛倒、左右相反的，大腦在分析過程中會將其恢復到正確的方向。因此眼睛只是負責捕捉物體訊息的工具，真正「看見」物體的是大腦。

想知道更多

視力檢查時使用的「C」標誌稱為「蘭氏環」。

1.視網膜
在看得到的範圍（視野）中，除了②'之外，其他部分會投射到左眼；除了①'之外，其他部分會投射到右眼。在視網膜形成的影像是上下顛倒、左右相反的。

2.視交叉
藍色和綠色部分的訊息被傳送到右腦，紅色和紫色部分的訊息被傳送到左腦。此外，①'和②'的訊息會直接送達（左眼→左腦，右眼→右腦）。

3.外側膝狀體
從視網膜延伸出來的神經與別條神經束接續的地方。每隻眼睛捕捉到的訊息會在此彙整並分成「右半」和「左半」。

4.初級視覺區
傳送到初級視覺區的訊息會依序傳送到次級視覺區、三級視覺區等區域。

眼睛捕捉的訊息如何傳送？

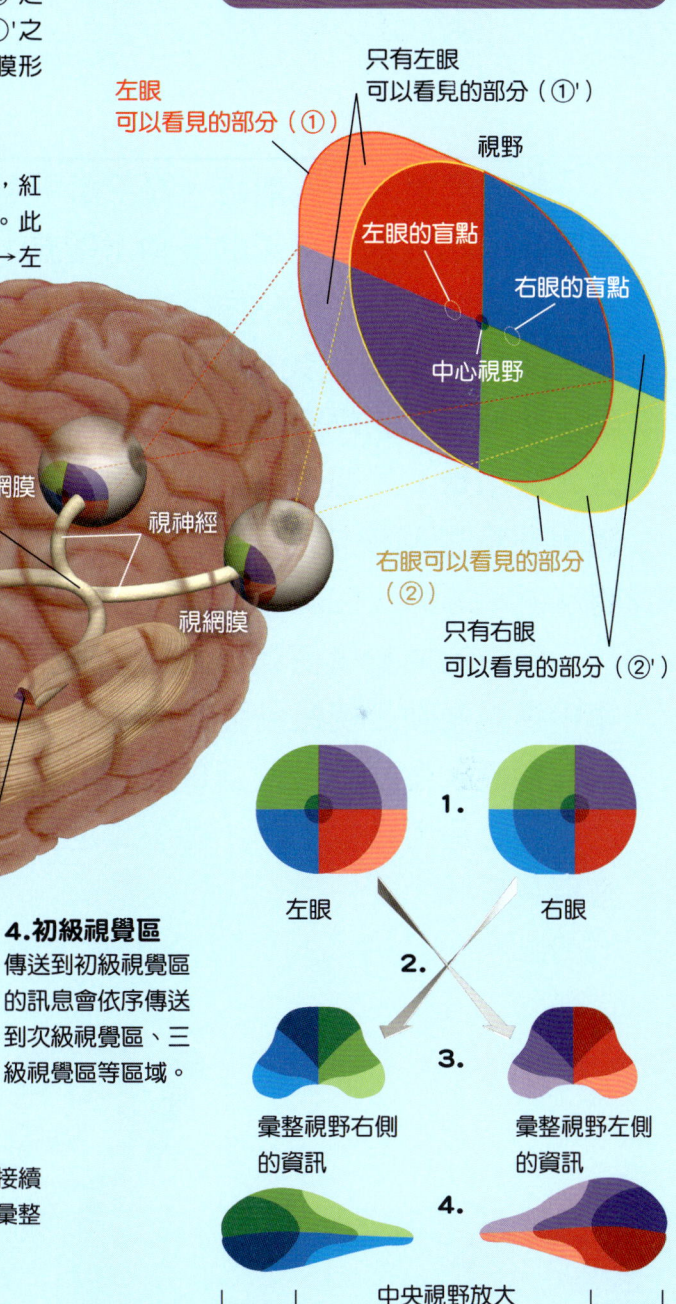

左眼可以看見的部分（①）
只有左眼可以看見的部分（①'）
視野
左眼的盲點
右眼的盲點
中心視野
右眼可以看見的部分（②）
只有右眼可以看見的部分（②'）

視網膜
視神經
視網膜

三級視覺區
次級視覺區
初級視覺區

1. 左眼　右眼
2.
3. 彙整視野右側的資訊　彙整視野左側的資訊
4. 中央視野放大

5 感覺器官

139

05 聲音的本質是空氣的波動

當我們潛入游泳池時，幾乎聽不到外界的聲音。這是因為聲音的本質是「空氣的波動（聲波）」（大多數的波動在水面反射，無法傳入水中）。

那麼，耳朵是如何捕捉聲音的呢？當空氣波動被「耳廓」收集後，它們會使內部的「鼓膜」振動。這種振動會傳入「聽小骨」，並被「耳蝸」內的「毛細胞」捕捉。毛細胞將這些振動轉換成電訊號，再傳送到大腦，從而產生「聽覺」。

鼓膜的振動會使鎚骨和砧骨像槓桿一樣運動，而鐙骨則集中這些振動，使振動強度增加約20倍。透過這個機制，我們就能聽到像樹葉摩擦這種細微的聲音。相反地，突然出現巨大的聲音（振動）時，聽小骨上的肌肉會充當緩衝物，保護耳朵。

想知道更多

哺乳類頭部有左右對稱的一雙耳，藉此判斷聲源的位置。

5 感覺器官

耳朵構造圖標示：
- 聽小骨（鎚骨、砧骨、鐙骨）
- 三半規管（前、後、上）
- 前庭神經
- →往大腦
- 耳蝸神經
- 肌肉
- 耳蝸
- 耳廓
- 外耳道
- 鼓室
- 鼓膜
- 聲音（空氣波動）
- 圓窗
- 鼓膜張肌
- 耳咽管
- →往喉嚨深處的上方

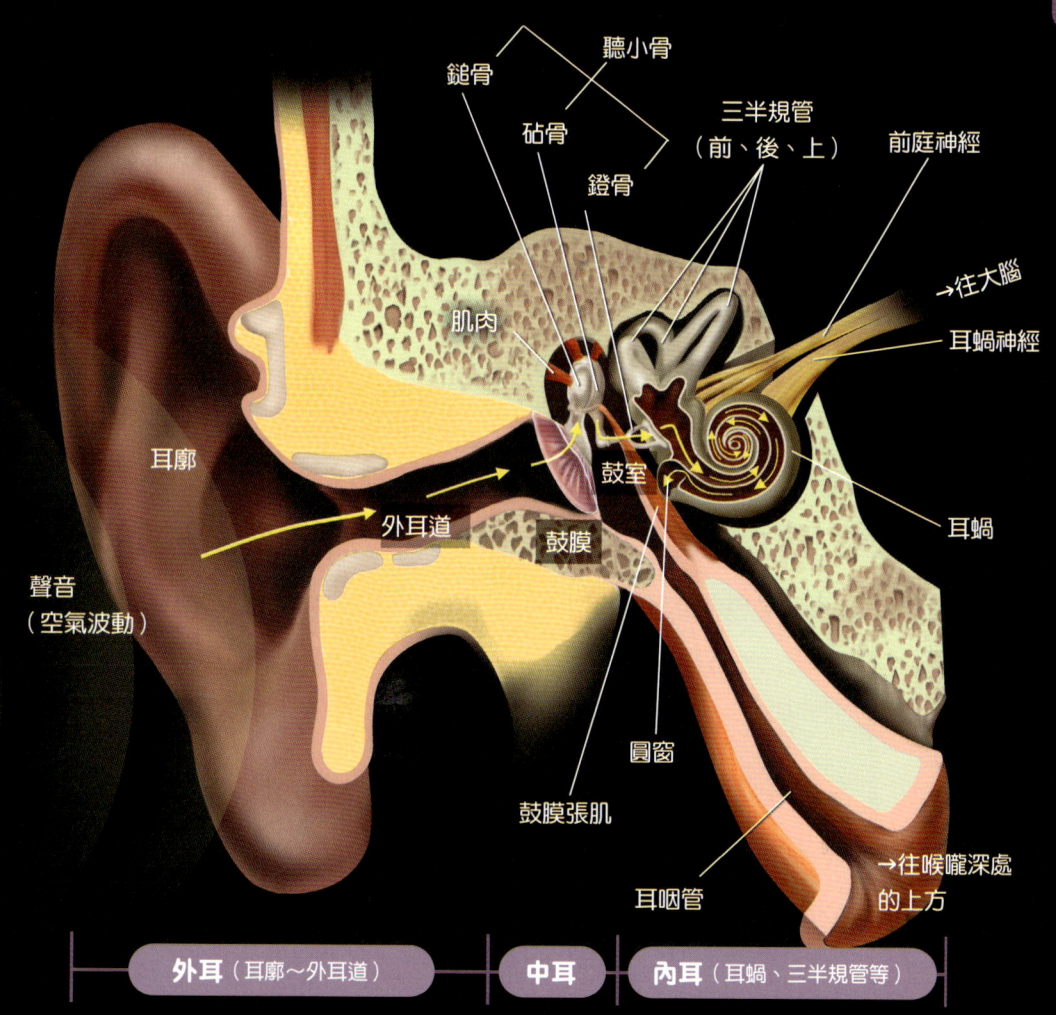

外耳（耳廓～外耳道） | **中耳** | **內耳**（耳蝸、三半規管等）

筆記

人類能聽到的最小聲音是「0 分貝（0dB）」，這大約是圖書館室內音量的百分之一。我們的耳朵若接收到超過 100 分貝的聲音，可能就會損害聽覺。

141

06 耳朵接收的不單只是聲音！

　　耳朵不僅能聽到聲音，還能感知平衡。例如，頭部水平方向的旋轉是透過右頁插圖中的「外半規管」的「壺腹」這個位置來感知。更具體地說，是透過壺腹中的「頂帽」的纖毛擺動來感知的。

　　此外，頭部的傾斜以及水平方向和垂直方向的運動，則是透過「橢圓囊」和「球囊」中的「耳石」的移動來感知的。

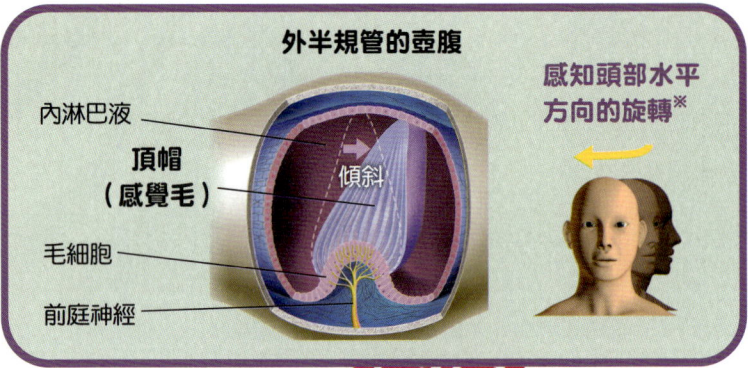

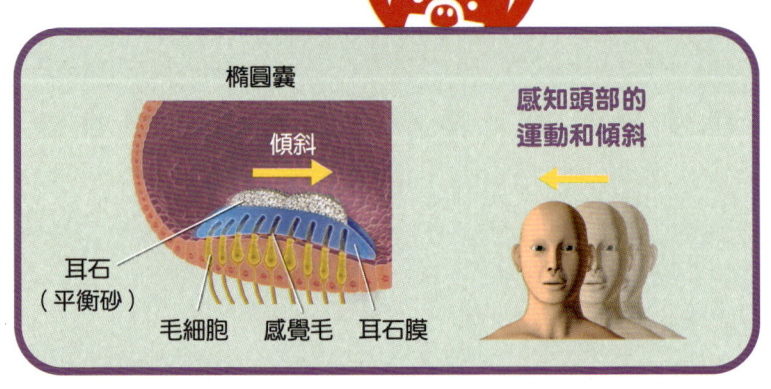

外半規管的壺腹

- 內淋巴液
- **頂帽（感覺毛）**
- 毛細胞
- 前庭神經
- 傾斜

感知頭部水平方向的旋轉※

橢圓囊

- 傾斜
- 耳石（平衡砂）
- 毛細胞
- 感覺毛
- 耳石膜

感知頭部的運動和傾斜

※ 三半規管的位置關係如右頁插圖所示，因此無論頭部以何種角度旋轉，都能感知其運動。

內耳構造

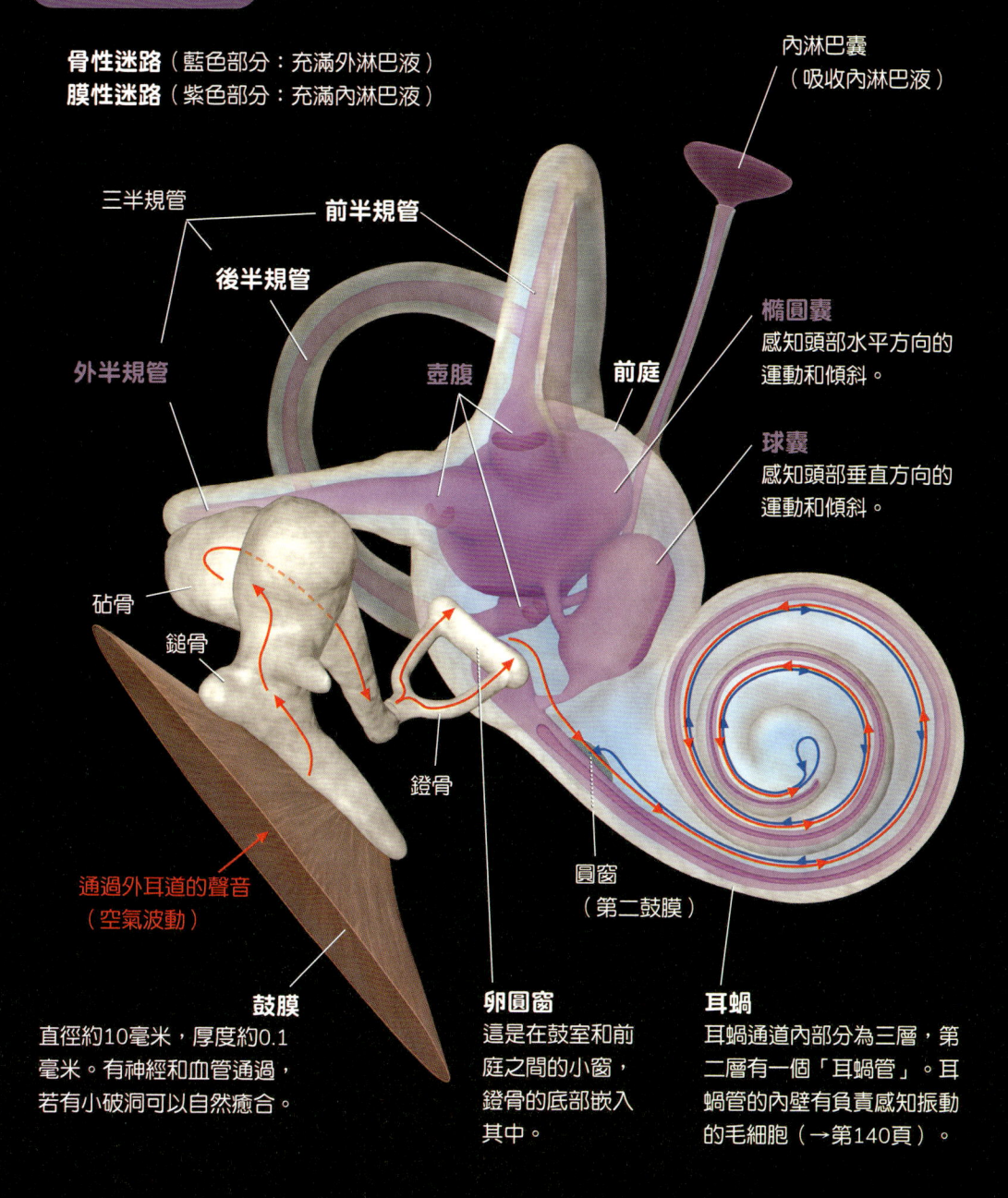

骨性迷路（藍色部分：充滿外淋巴液）
膜性迷路（紫色部分：充滿內淋巴液）

內淋巴囊
（吸收內淋巴液）

三半規管
前半規管
後半規管
外半規管
壺腹
前庭

橢圓囊
感知頭部水平方向的運動和傾斜。

球囊
感知頭部垂直方向的運動和傾斜。

砧骨
鎚骨
鐙骨

通過外耳道的聲音
（空氣波動）

圓窗
（第二鼓膜）

鼓膜
直徑約10毫米，厚度約0.1毫米。有神經和血管通過，若有小破洞可以自然癒合。

卵圓窗
這是在鼓室和前庭之間的小窗，鐙骨的底部嵌入其中。

耳蝸
耳蝸通道內部分為三層，第二層有一個「耳蝸管」。耳蝸管的內壁有負責感知振動的毛細胞（→第140頁）。

想知道更多

內耳包含「骨性迷路」及其中的「膜性迷路」。

143

07 人類能夠分辨數十萬種氣味

逛夜市時，可以聞到炒麵和紅豆餅等香味對吧。其實此時大腦和鼻子會共同合作，瞬間分析並辨識出這些氣味。

氣味的本質是飄浮在空氣中的看不見的小顆粒（分子）。在鼻子的深處存在一個名為「鼻腔」的空間。當我們聞到氣味時，空氣會迅速流入鼻腔的頂部（嗅覺上皮）。這個嗅覺上皮的表面布滿了感知氣味的「受體」。這些受體有各種不同的種類，每一個都有不同形狀的「凹槽」。當氣味分子進入這些凹槽（凹槽與分子的形狀吻合）時，這些訊息會以電訊號的形式傳送到大腦，然後我們就會根據腦中記憶，知道「這是糖葫蘆的氣味！」透過這個機制，人類可以分辨數十萬種氣味。

編註：法國小說家普魯斯特在《追憶似水年華》一書中深刻描述回憶中的氣味。

想知道更多
聞到氣味喚醒過去的記憶或感情，稱為「普魯斯特效應」[編註]。

5 感覺器官

分辨氣味的機制

受體A、B、D會對①分子產生反應（分子的某些部分會嵌入）。受體A、D會對②分子產生反應。比較這些結果就能區分①和②。

氣味分子①　氣味分子②

受體A　B　C　D

鼻子的構造

外側　內側　外側

鼻中膈（內側）
因為微血管集中，因此容易受傷、流鼻血。

嗅覺上皮
嗅球　嗅束
鼻腔
鼻孔
口腔

耳咽管的出口（外側）
在飛機起降時，如果耳朵聽不清楚，張大嘴巴擴大耳咽管的出口，就能改善聽力。

感知費洛蒙（在同種生物間傳遞的一種化學訊息）的「鋤鼻器」退化後的痕跡。每個人的位置和大小有很大的差異。

鼻甲（外側）
有上鼻甲、中鼻甲和下鼻甲三個突起。

145

08 感知氣味的受體大約有 400 種

讓我們仔細看看前一單元提到的嗅覺上皮的樣子。

在嗅覺上皮的表面，布滿了許多「嗅細胞」。當氣味分子被吸入鼻腔時，其中一部分會進入覆蓋嗅細胞的黏膜。在黏膜中，密布著從嗅細胞長出來的「嗅纖毛」，這些嗅纖毛上嵌有感知氣味分子的受體，大約有400種受體。

受體感知到的訊息會在「嗅球」中匯集，並傳送到大腦，藉此產生「嗅覺」。

嗅覺上皮的樣子

3. 來自嗅細胞的電訊號在嗅小球匯集。

嗅球

2. 嗅細胞將訊息轉換為電訊號，並傳送到嗅球。

1. 進入黏液的氣味分子會附著在嗅纖毛的受體上。當形狀完全吻合時，該訊息會傳遞給嗅細胞。

想知道更多
有些人完全感受不到多數人通常能夠感受到的氣味。

146

5 感覺器官

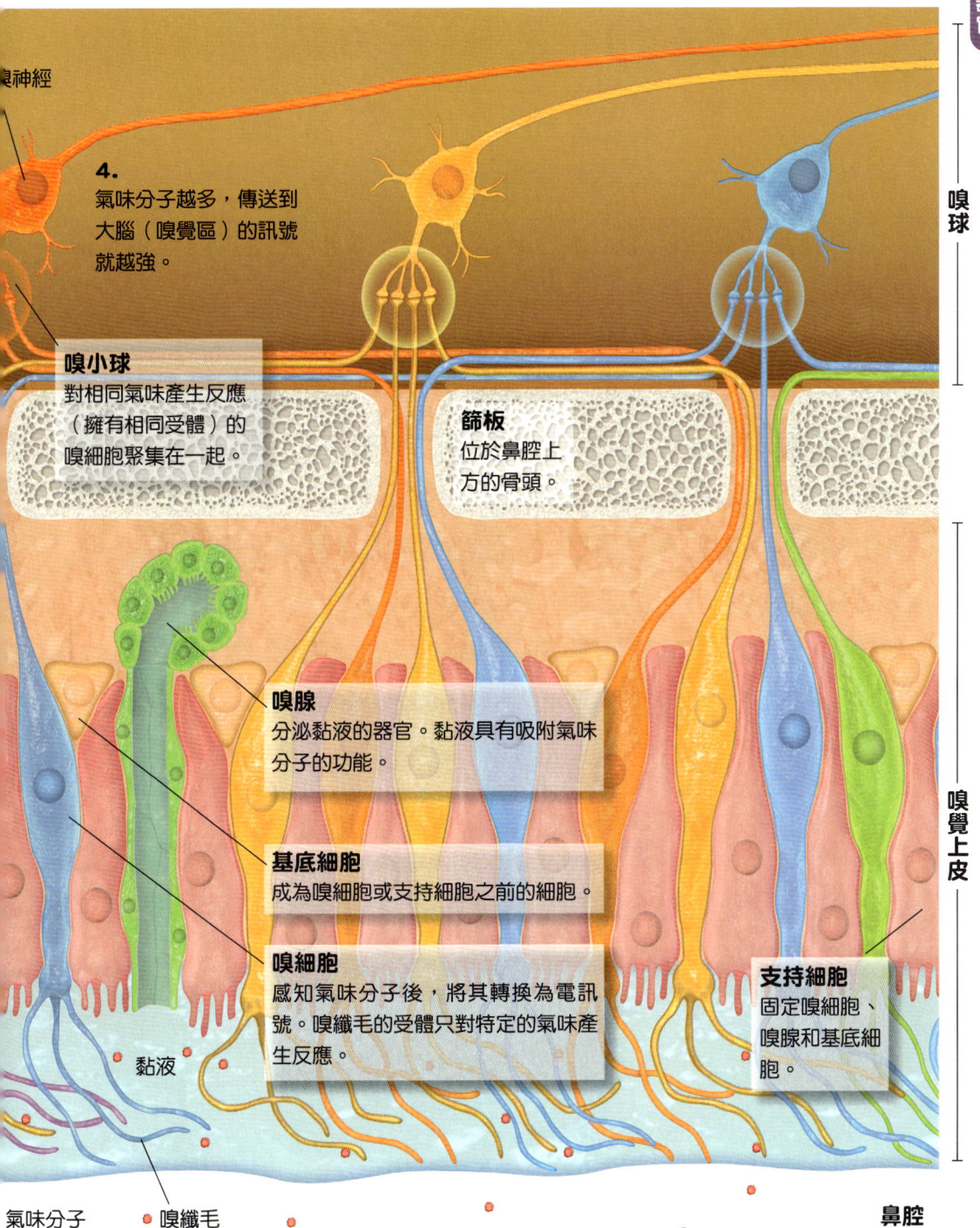

嗅神經

4.
氣味分子越多，傳送到大腦（嗅覺區）的訊號就越強。

嗅球

嗅小球
對相同氣味產生反應（擁有相同受體）的嗅細胞聚集在一起。

篩板
位於鼻腔上方的骨頭。

嗅腺
分泌黏液的器官。黏液具有吸附氣味分子的功能。

基底細胞
成為嗅細胞或支持細胞之前的細胞。

嗅細胞
感知氣味分子後，將其轉換為電訊號。嗅纖毛的受體只對特定的氣味產生反應。

支持細胞
固定嗅細胞、嗅腺和基底細胞。

嗅覺上皮

黏液

氣味分子　　嗅纖毛　　　　　　　　　　　　　　　　　　　鼻腔

147

09 我們的舌頭能在瞬間判斷是「營養」還是「毒素」

我們的舌頭能感受到甜味、酸味、鹹味、苦味和鮮味這五種味道。這些稱為「基本味」（五味）。

人類基本上認為有營養的食物是「令人喜愛的味道」。例如，嘗到甜味時，表示食物中含有碳水化合物，這是我們活動能量的來源。而「麩胺酸」和「肌苷酸」這些具有鮮味的物質主要存在於肉類和魚類等蛋白質（建構身體組織的材料）食物中。此外，身體也需要礦物質，因此鹹味也是一種受歡迎的味道（鹽就是礦物質之一）。

另一方面，有害物質則被視為「討厭的味道」。例如，食物腐爛時會散發酸味，而毒物讓人感受到苦味正是這個原因。換句話說，「味覺」是我們用來瞬間判斷食物是否安全的優秀系統。

不過，會導致食物中毒的米酵菌酸是一種無色無味的劇毒，目前仍無解藥，醫院只能提供支持性療法，致死率高達30%～100%。

想知道更多

毒物會苦是因為舌頭的「苦味感受細胞」能夠察覺到毒素的存在。

像零食中含有的人工甜味劑雖然是甜的,但並非能量來源。此外,酸或苦的食物並非全部都有害。例如,人們覺得檸檬和苦瓜美味,是因為大腦學習到這些是安全且對身體有益的食物。

無味無臭的河豚毒素
有些毒素例如河豚毒素(tetrodotoxin)既無味也無臭。此外,為了避免小孩誤吞,玩具和鈕扣電池常塗有「苯甲地那銨」(denatonium)。苯甲地那銨本身不具毒性,但即使微量也能讓人感受到強烈的苦味。

149

10 大腦結合各種訊息形成味覺

舌頭基本上會依序對苦味、酸味、鹹味和甜味有所反應（關於鮮味則有不同的說法）。然而，味覺的敏感度因位置而異，這是因為負責感受味道的「味蕾」集中在舌頭的特定區域。

在6000到7000個味蕾中（以成人為例），其中約80%位於舌頭上，其餘則分布在喉嚨和軟顎。位於喉嚨的味蕾即便只是喝水也會有反應，這種反應就是我們在喝茶或飲酒時所說的「喉韻」。

此外，味蕾內聚集了數十到數百個感受味道的「味覺細胞」。這些味覺細胞捕捉到食物分子的訊息後，會將其轉換成電訊號並傳送至大腦。隨後，這些訊息會與氣味、口感、記憶等結合，最終形成「味覺」。

想知道更多

味覺細胞大約10天更新一次，藉此保持其敏感度。

5 感覺器官

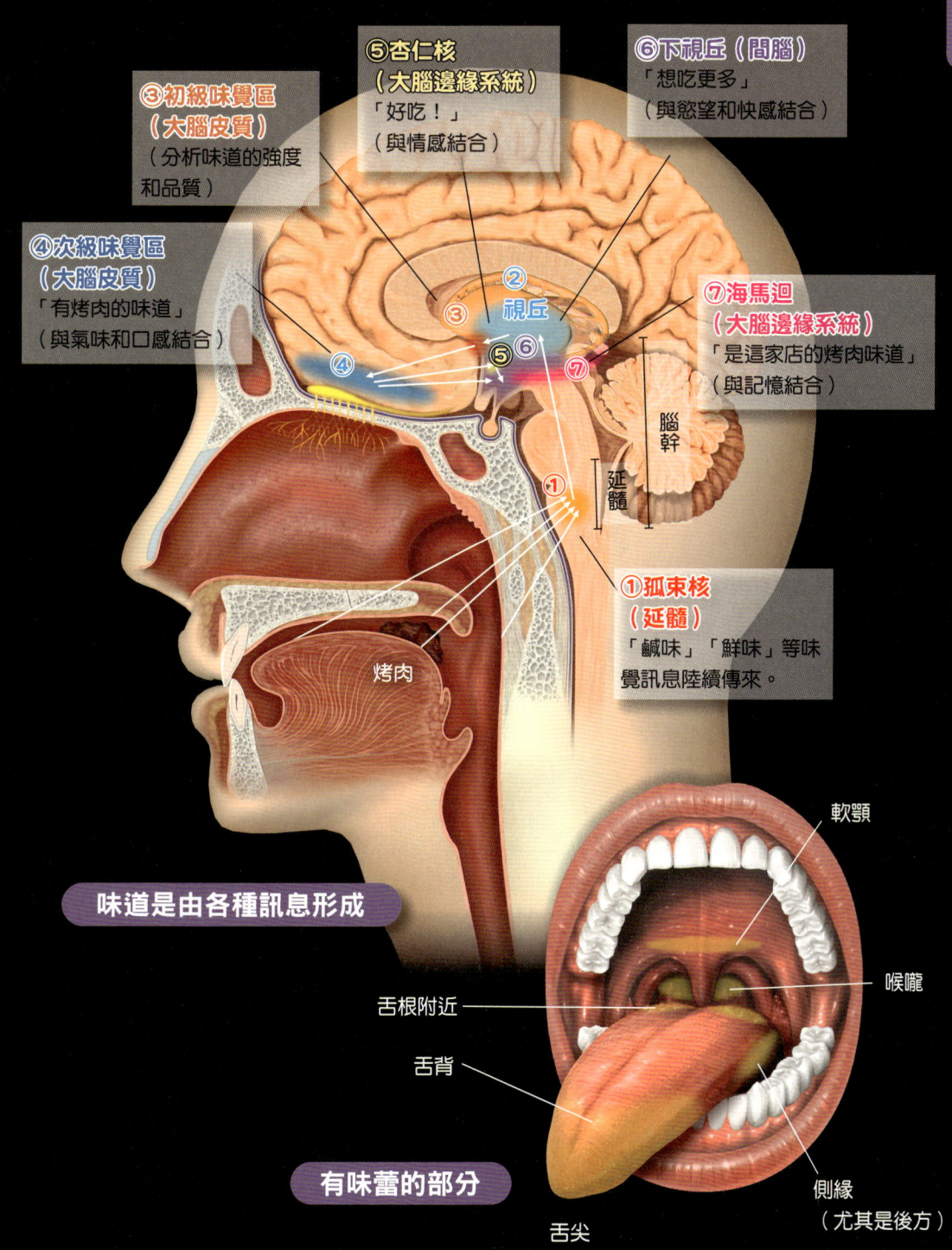

味道是由各種訊息形成

③初級味覺區（大腦皮質）
（分析味道的強度和品質）

⑤杏仁核（大腦邊緣系統）
「好吃！」
（與情感結合）

⑥下視丘（間腦）
「想吃更多」
（與慾望和快感結合）

④次級味覺區（大腦皮質）
「有烤肉的味道」
（與氣味和口感結合）

②視丘

⑦海馬迴（大腦邊緣系統）
「是這家店的烤肉味道」
（與記憶結合）

腦幹

延髓

①孤束核（延髓）
「鹹味」「鮮味」等味覺訊息陸續傳來。

烤肉

有味蕾的部分

軟顎

喉嚨

舌根附近

舌背

側緣
（尤其是後方）

舌尖

151

11 疼痛和觸感也是由大腦形成的嗎？

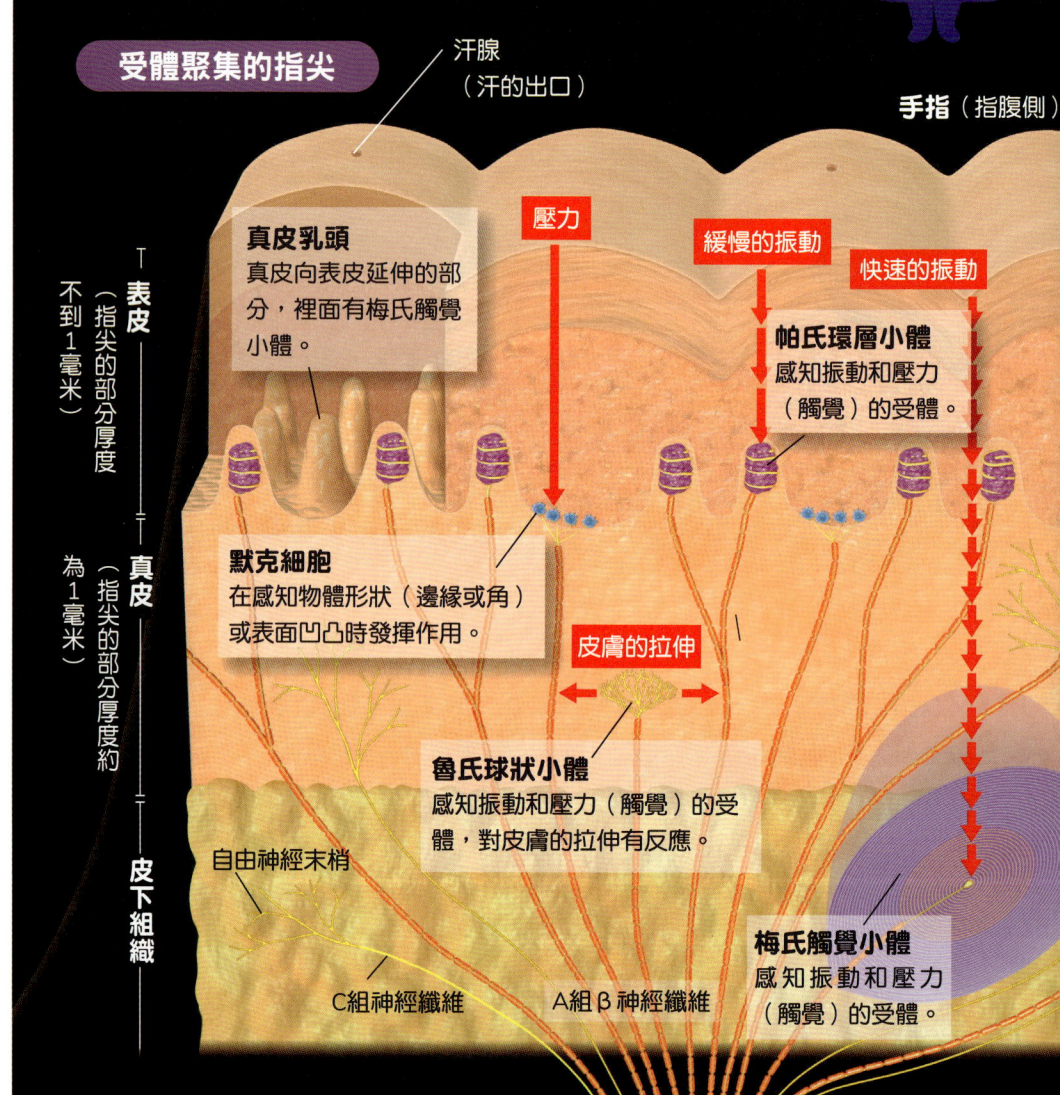

受體聚集的指尖

手指（指腹側）

汗腺（汗的出口）

表皮（指尖的部分厚度不到1毫米）

真皮（指尖的部分厚度約為1毫米）

皮下組織

真皮乳頭
真皮向表皮延伸的部分，裡面有梅氏觸覺小體。

默克細胞
在感知物體形狀（邊緣或角）或表面凹凸時發揮作用。

壓力

魯氏球狀小體
感知振動和壓力（觸覺）的受體，對皮膚的拉伸有反應。

皮膚的拉伸

緩慢的振動

帕氏環層小體
感知振動和壓力（觸覺）的受體。

快速的振動

梅氏觸覺小體
感知振動和壓力（觸覺）的受體。

自由神經末梢

C組神經纖維　　A組β神經纖維

想知道更多

皮膚中有最多感知疼痛的受體。

自由神經末梢
感知疼痛和溫度的受體。

※ 為了容易理解，這裡沒有描繪出血管等結構。

A組δ神經纖維

當我們觸碰到某物或被某物推擠時產生的感覺稱為「觸覺」。此外，當我們感受到熱或冷時，會產生「溫覺」和「冷覺」；當身體受傷時，則會產生「痛覺」。這些感覺統稱為「皮膚感覺」。

皮膚中埋藏了各種發揮感測器作用的「受體」，以及將這些訊息傳遞到大腦的神經。例如，「梅氏觸覺小體」和「帕氏環層小體」是感知振動的受體。振動是指在短時間內反覆施加的壓力（推力）。當我們觸摸物體時，皮膚會產生微小的振動。這些振動被這兩種小體感知後，通過神經傳遞到大腦。經過大腦的分析後，我們就會產生「觸摸某物的感覺」。

此外，指尖上有大量這兩種小體，甚至可以感受到寬度不到1毫米的微細溝槽。

人類的觸（壓）覺感受器在鼻子、嘴脣和指尖的分布密度最高。

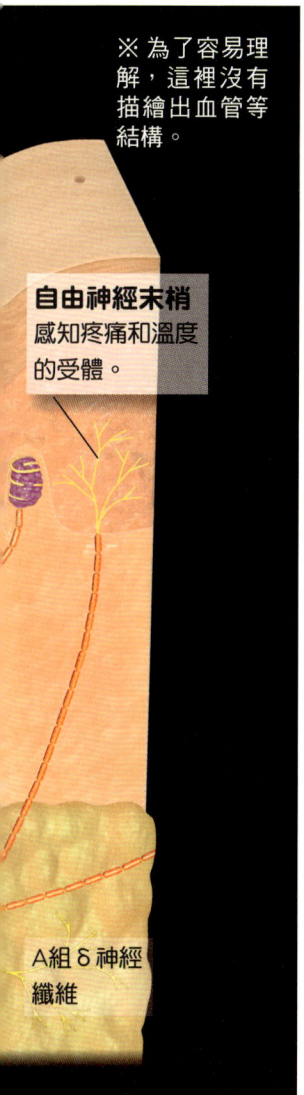

153

下課時間

腦裡面有人存在嗎？

亞里斯多德在2000多年前提出了一項理論，認為感覺器官感知的訊息是透過血管傳到心臟進行分析。人們長期信奉這種觀點，直到二十世紀才被加拿大神經外科醫生懷爾德·潘菲爾德（Wilder Penfield）推翻。

潘菲爾德在為癲癇患者進行腦部手術時，對大腦皮質（體覺區和運動區）的不同部位施以微弱的電流，以調查患者感受到「反應」的身體部位。右圖總結了這些關係，稱為「潘菲爾德的皮質小人圖」。

右圖總結了體覺區與身體部位的關係（另外還有一張圖是運動區的示意圖）。可以觀察到臉部、手部和手指所對應的大腦區域較為廣泛。

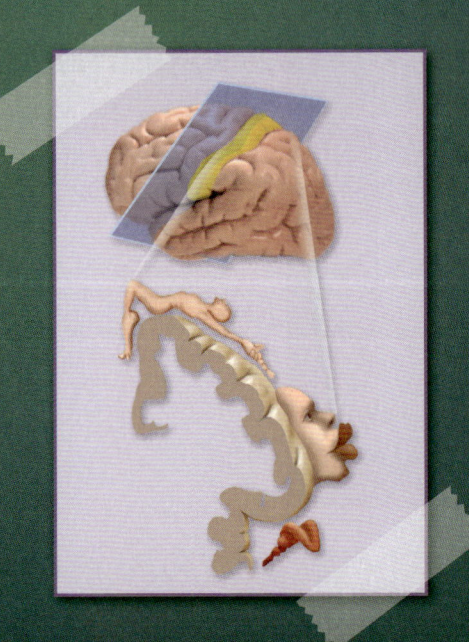

第 **6** 節課

男性的身體與女性的身體

即使同為人類，男性和女性的身體構造也有所不同。這是因為在孕育新生命時，兩者各自扮演不同的角色。接下來，讓我們詳細探討這些差異吧。

01 腎臟過濾血液中不需要的物質製造尿液

在我們的腰部上方，靠背部的左右各有一顆「腎臟」。腎臟的大小約只有一個握拳那麼大，但每分鐘約有1.2公升的血液從心臟流入腎臟（以成人為例）。腎臟的主要功能是過濾這些血液來製造尿液，並保持體液（例如血液和淋巴液）的穩定。

當血液流經「腎小體」中的「腎絲球」時，血液會通過腎絲球上的小孔進行過濾。此時，血液中的紅血球和蛋白質等「較大的物質」會留下來，而其他物質則從「鮑氏囊」排出。這些物質稱為「原尿」。

原尿中含有大量必要的水分和成分（如葡萄糖和胺基酸），因此約有99%的原尿會在鮑氏囊後方的「腎小管」中重新被吸收。這樣一來，最後剩餘的物質就形成尿液。

排出的尿液可以調節人體內水和電解質的平衡，清除代謝廢物，同時還有散熱的作用。

> **想知道更多**
> 尿液中約98%是水，剩下的是稱為「尿素」的老舊廢棄物、維生素和激素等成分。

腎臟的構造

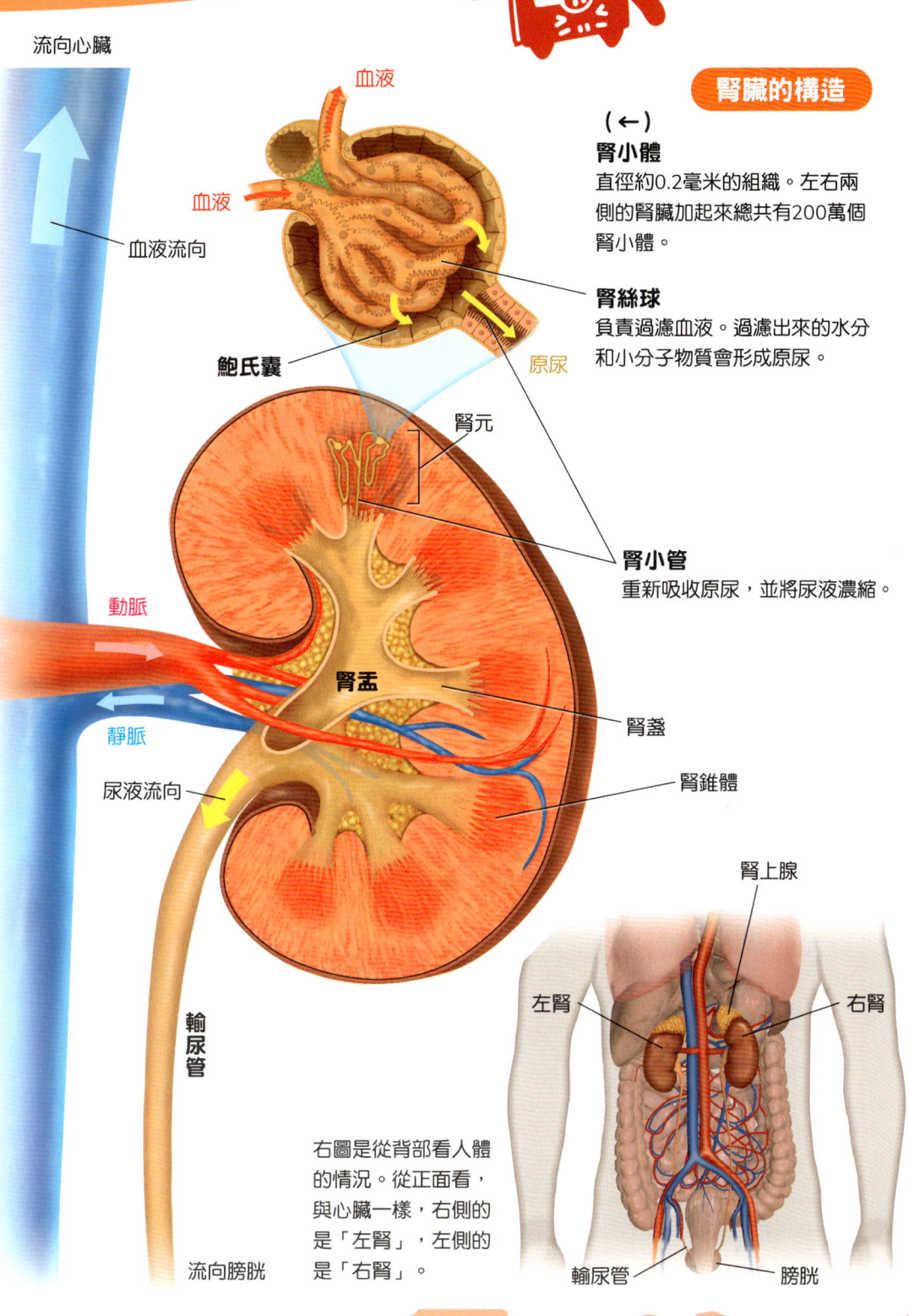

流向心臟

血液流向

血液

血液

鮑氏囊

原尿

腎小體
直徑約0.2毫米的組織。左右兩側的腎臟加起來總共有200萬個腎小體。

腎絲球
負責過濾血液。過濾出來的水分和小分子物質會形成原尿。

腎元

腎小管
重新吸收原尿,並將尿液濃縮。

動脈

靜脈

尿液流向

腎盂

腎盞

腎錐體

輸尿管

流向膀胱

腎上腺

左腎

右腎

輸尿管

膀胱

右圖是從背部看人體的情況。從正面看,與心臟一樣,右側的是「左腎」,左側的是「右腎」。

6 男性的身體與女性的身體

157

02 膀胱儲存的尿液約為 500 毫升左右

廁所在哪裡？

腎臟製造的尿液會儲存在「膀胱」內。

成人（男性）的膀胱在排空狀態下，高度約為3～4公分，形狀像是被壓扁的頭部。隨著尿液的累積，膀胱會膨脹，直徑約10公分。膀胱的容量約為500毫升（女性為400毫升）。當膀胱累積一半左右的尿液時，就會產生「想尿尿」的感覺。

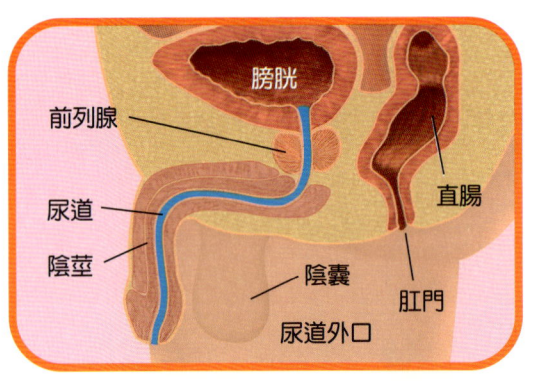

男性與女性的膀胱

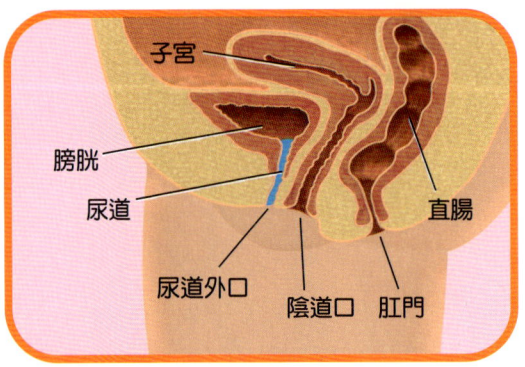

（←）男性　（↙）女性

此為男性與女性的下腹部剖面圖。由於生殖器的差異，可以清楚看到膀胱的大小和尿道的長度有所不同。
女性的尿道長度只有男性的4分之1，且尿道出口靠近肛門，因此容易因為細菌入侵而罹患「膀胱炎」。

想知道更多
成年男性如果努力憋尿的話，可以積存約 700 毫升的尿液。

膀胱的構造

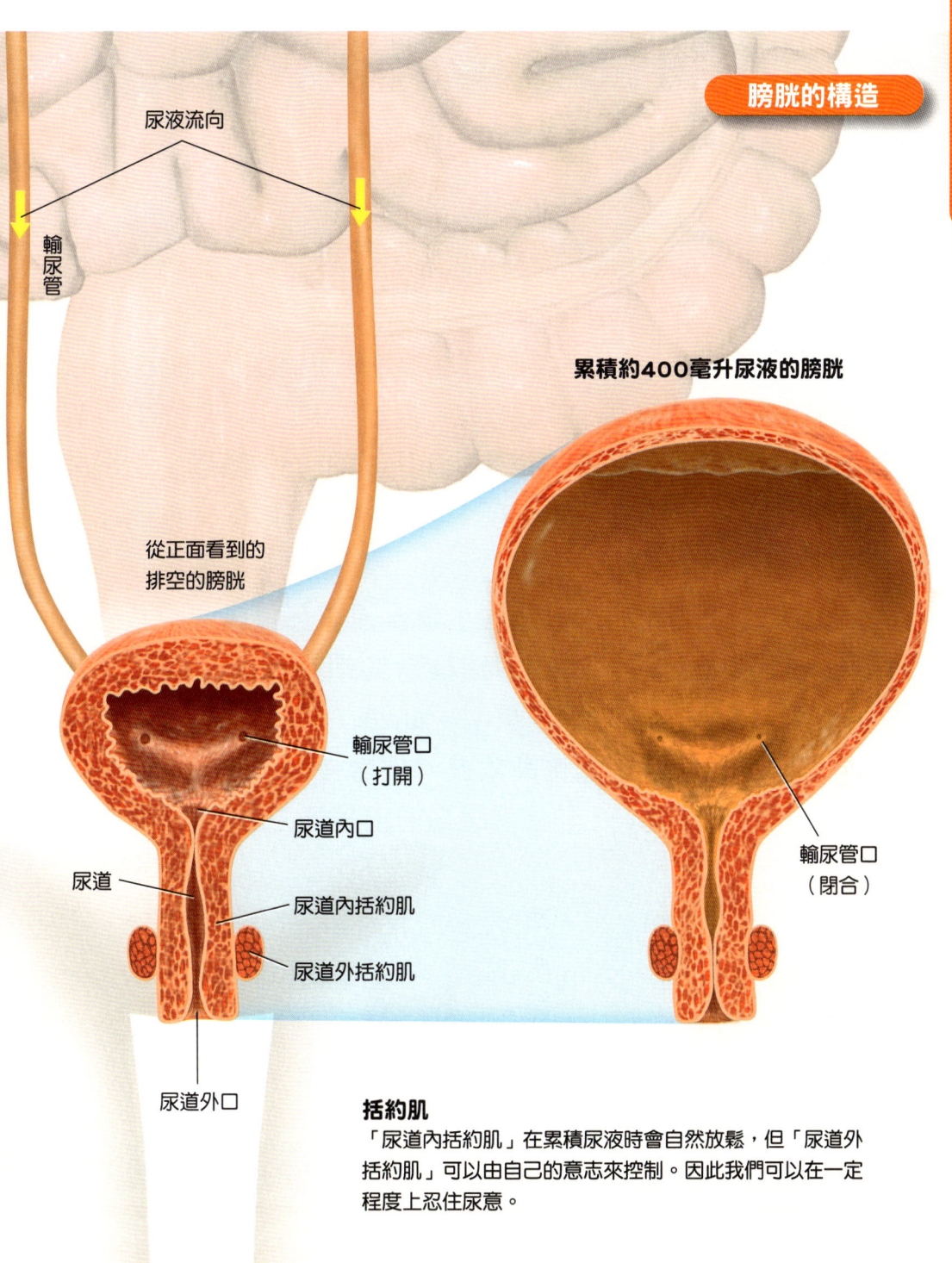

尿液流向

輸尿管

累積約400毫升尿液的膀胱

從正面看到的排空的膀胱

輸尿管口（打開）

尿道內口

尿道

尿道內括約肌

尿道外括約肌

尿道外口

輸尿管口（閉合）

括約肌
「尿道內括約肌」在累積尿液時會自然放鬆，但「尿道外括約肌」可以由自己的意志來控制。因此我們可以在一定程度上忍住尿意。

6 男性的身體與女性的身體

03 男性幾乎每天製造出1億個精子

　　男性的生殖器負責將精子送入內有卵子等待受精的女性生殖器中。

　　精子在一對「睪丸」中生成，幾乎每天製造約1億個（以健康且年輕的成年男性為例）。製造出來的精子會在「副睪」中儲存10～15天左右。睪丸和副睪位於「陰囊」這個袋狀皮膚內，由於陰囊遠離腹部，因此精子得以保持在低於體溫的溫度。

　　當男性性興奮時，「陰莖」會變硬並膨脹成勃起狀態。於是，副睪中的精子會透過輸精管的蠕動運動（收縮和放鬆）被運送到「輸精管壺腹」。此時，「前列腺」和「精囊」會分泌液體。隨著性興奮進一步增強，這些分泌液與精子混合形成「精液」，並通過尿道射出體外（射精）。

想知道更多

男性從青春期開始，一生都會持續製造精子。

6 男性的身體與女性的身體

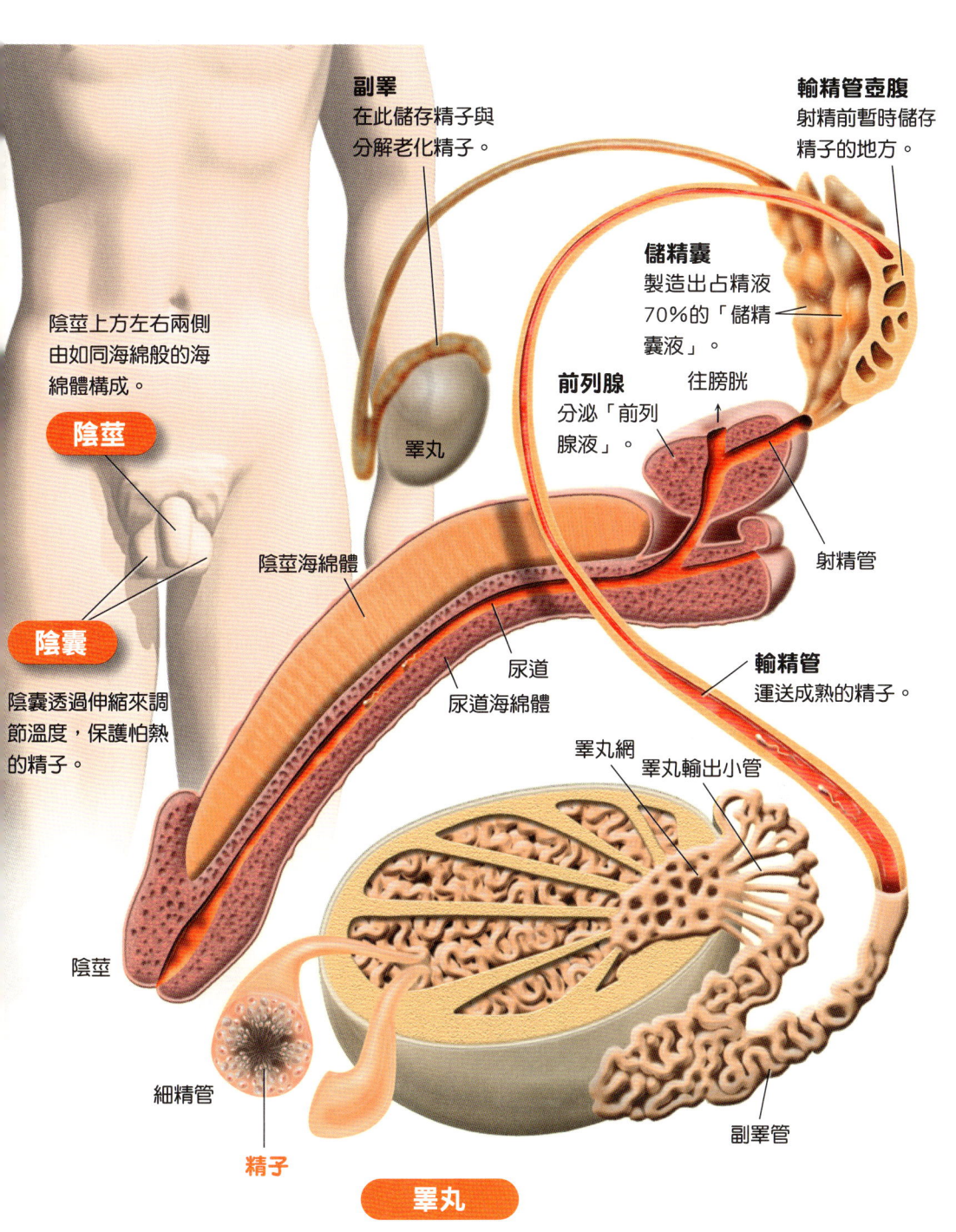

副睪
在此儲存精子與分解老化精子。

輸精管壺腹
射精前暫時儲存精子的地方。

儲精囊
製造出占精液70%的「儲精囊液」。

前列腺
分泌「前列腺液」。

往膀胱→

陰莖上方左右兩側由如同海綿般的海綿體構成。

陰莖

陰囊
陰囊透過伸縮來調節溫度，保護怕熱的精子。

睪丸

陰莖海綿體

尿道

尿道海綿體

射精管

輸精管
運送成熟的精子。

睪丸網

睪丸輸出小管

陰莖

細精管

精子

副睪管

睪丸
精子是在收納於睪丸內側的「細精管」中製造的。

161

04 卵子可受精的時間約為「排卵」後的 24 小時內

　　女性生殖器的主要功能是製造卵子、與強壯的精子結合進行受精，並孕育胎兒直到誕生。

　　卵子是在一對「卵巢」中製造的。卵子在卵巢內形成「卵泡」，其中只有一個卵泡會逐漸長大（成熟）。成熟的卵子會被釋放到「輸卵管」，這個過程稱為「排卵」。進入青春期後具有生殖能力的女性，幾乎每個月會排卵一次。

　　接著，卵子會透過輸卵管內壁細長纖毛的擺動，移動到「輸卵管壺腹」等待精子的到來。此外，卵子能與精子結合，即可受精的時間大約為排卵後的24小時內。如果未受精，卵子會被分解並隨著血液排出體外，這就是「月經」（生理期）。

←往子宮

想知道更多

卵子是人體最大型的細胞（普通細胞的大小約為0.01～0.03毫米）。

6 男性的身體與女性的身體

4.黃體
排卵後，卵泡內殘留的細胞會轉變為黃體細胞，分泌懷孕所需的「黃體素」。

輸卵管繖部
位於輸卵管末端，呈海葵狀。排卵時，輸卵管繖部會捉住卵子，並引導其進入輸卵管中。

輸卵管

輸卵管壺腹

卵巢
子宮　輸卵管

.白體
體失去功能
萎縮形成的
構，最終會
失。

卵丘
卵泡腔

卵巢

3.囊狀卵泡
完全成熟的卵泡。此時卵子的直徑達到0.1毫米。

透明帶
包覆卵子的一層保護膜。

卵丘細胞

2.成熟中的卵泡

1.原始卵泡

卵子

細胞核
充滿遺傳訊息。

163

05 能受精的只有經過選擇的精子！

　另一方面，男性的精子透過生殖器進入女性的生殖器內後，它們會到達子宮的「陰道」。

　由於陰道內維持強酸性以防止病原菌入侵，超過一半的

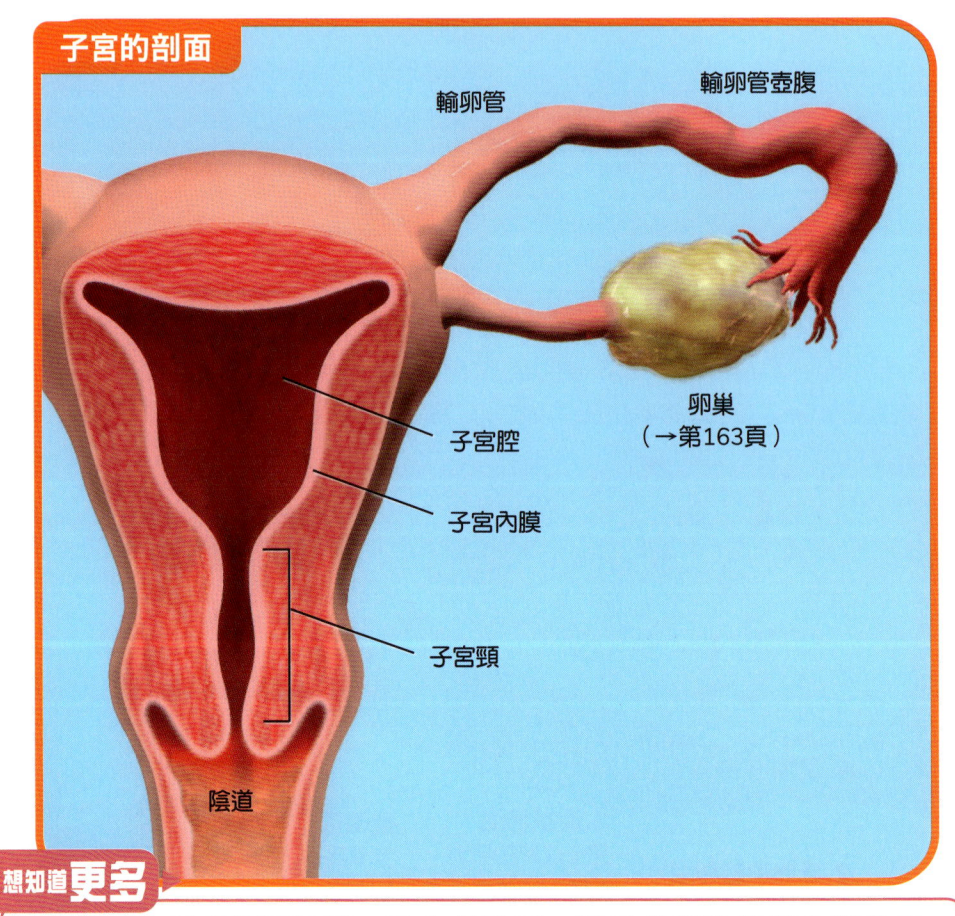

子宮的剖面

- 輸卵管
- 輸卵管壺腹
- 卵巢（→第163頁）
- 子宮腔
- 子宮內膜
- 子宮頸
- 陰道

想知道更多

當精子突破「外圍結構」進入卵子時，精子的細胞核就會釋放出來（即受精）。

精子會因此死亡。能通過子宮腔並到達深處的輸卵管壺腹的精子，只占1.2億～2.4億個精子中的1%左右（不過在排卵日前後，陰道內的惡劣環境會有所緩和，較容易受精）。

在這1%的精子中，只有一個能進入卵子進行受精。換句話說，一個精子成功遇到卵子並受精的機率，比你在約2340萬臺灣人口中被選中的機率還要低。此外，即使是雙胞胎的情況，也只有一個精子能與卵子結合。

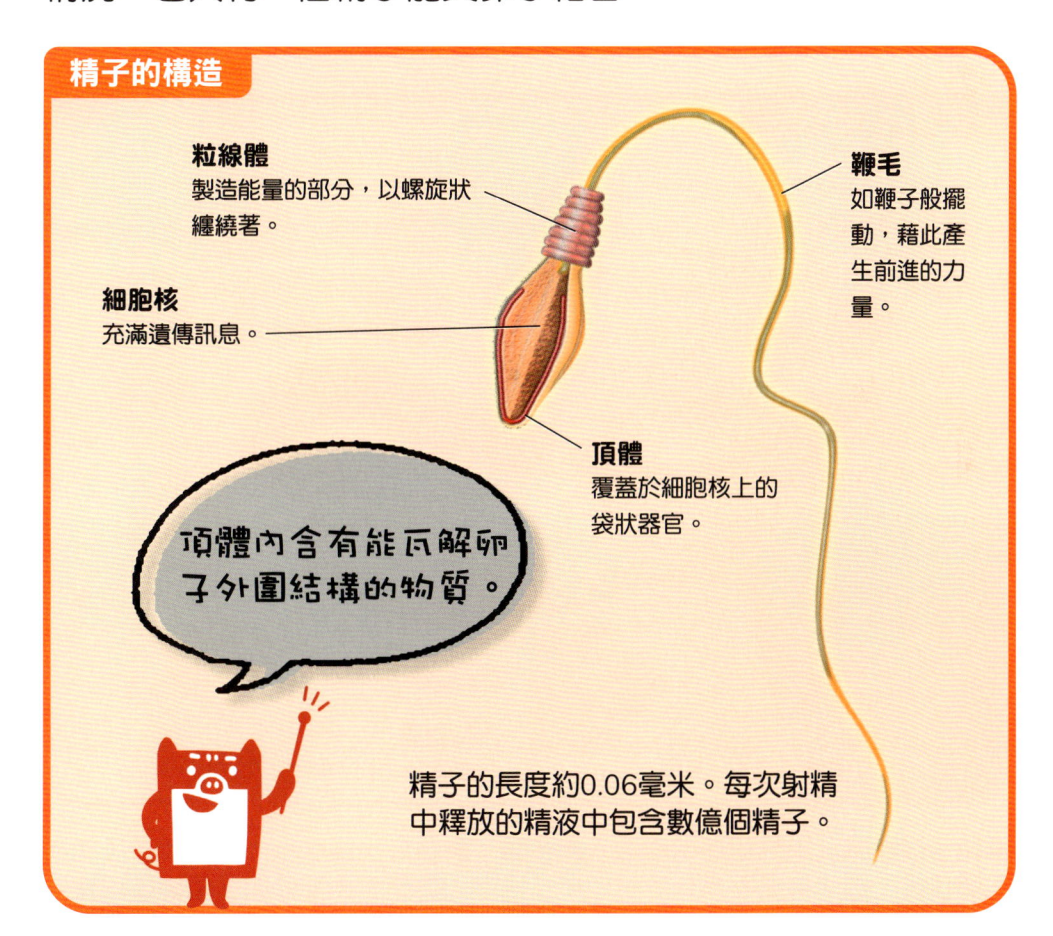

精子的構造

粒線體
製造能量的部分，以螺旋狀纏繞著。

細胞核
充滿遺傳訊息。

鞭毛
如鞭子般擺動，藉此產生前進的力量。

頂體
覆蓋於細胞核上的袋狀器官。

頂體內含有能瓦解卵子外圍結構的物質。

精子的長度約0.06毫米。每次射精中釋放的精液中包含數億個精子。

06 受精約 9 個月後會誕生新生命

受精後的卵子成為「受精卵」，並開始細胞分裂。在不斷分裂的過程中，受精卵會沿著輸卵管前進。大約受精5～6天後，受精卵的外層破裂，讓胚（受精卵分裂後形成的細胞

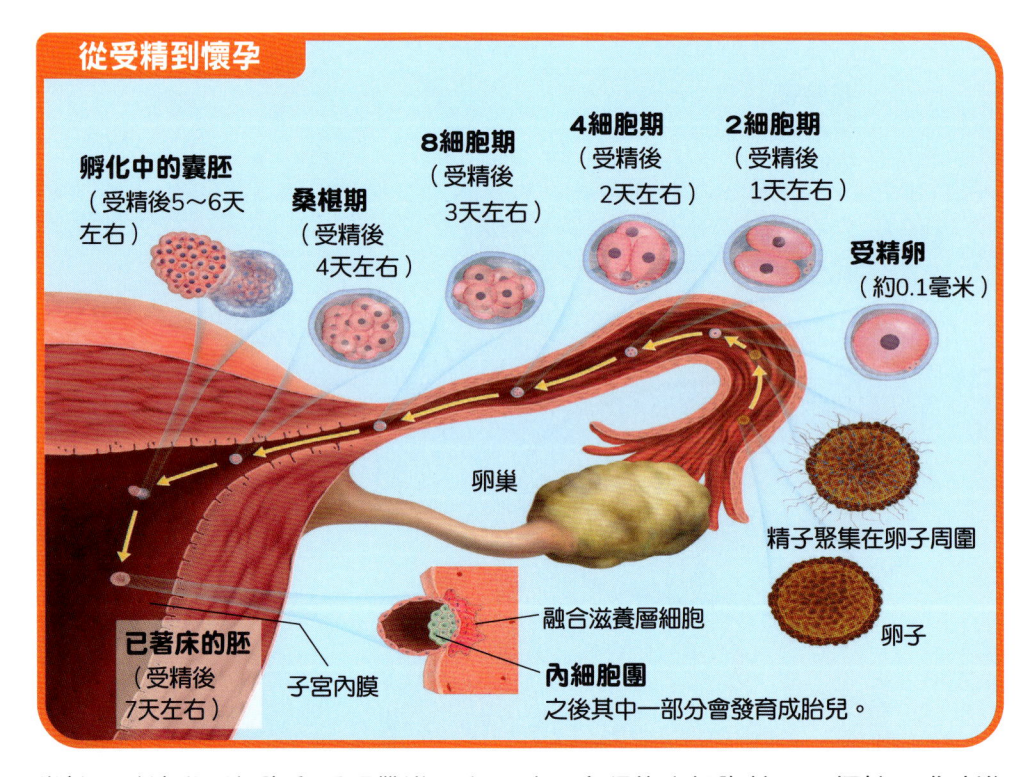

從受精到懷孕

- 孵化中的囊胚（受精後5～6天左右）
- 桑椹期（受精後4天左右）
- 8細胞期（受精後3天左右）
- 4細胞期（受精後2天左右）
- 2細胞期（受精後1天左右）
- 受精卵（約0.1毫米）
- 卵巢
- 精子聚集在卵子周圍
- 卵子
- 融合滋養層細胞
- 已著床的胚（受精後7天左右）
- 子宮內膜
- 內細胞團 之後其中一部分會發育成胎兒。

當精子破壞卵丘細胞和透明帶進入卵子時，會釋放出細胞核。一個精子成功進入卵子後，透明帶即不再允許其他精子通過。這是防止卵子與多個精子同時受精的機制（如果多個精子同時受精，受精卵將無法正常發育）。

想知道更多

一般子宮的長度為 10 公分以下，但臨產前的子宮會超過 30 公分。

集合體）孵化而出，這個現象稱為「孵化」。然後在受精7天後，胚會附著在子宮內膜上並逐漸埋入，這個過程稱為「著床」，象徵著懷孕的開始。

著床後的胚會持續生長，並從母體的血液中逐步吸收營養。大約9個月後，新生命便會誕生。

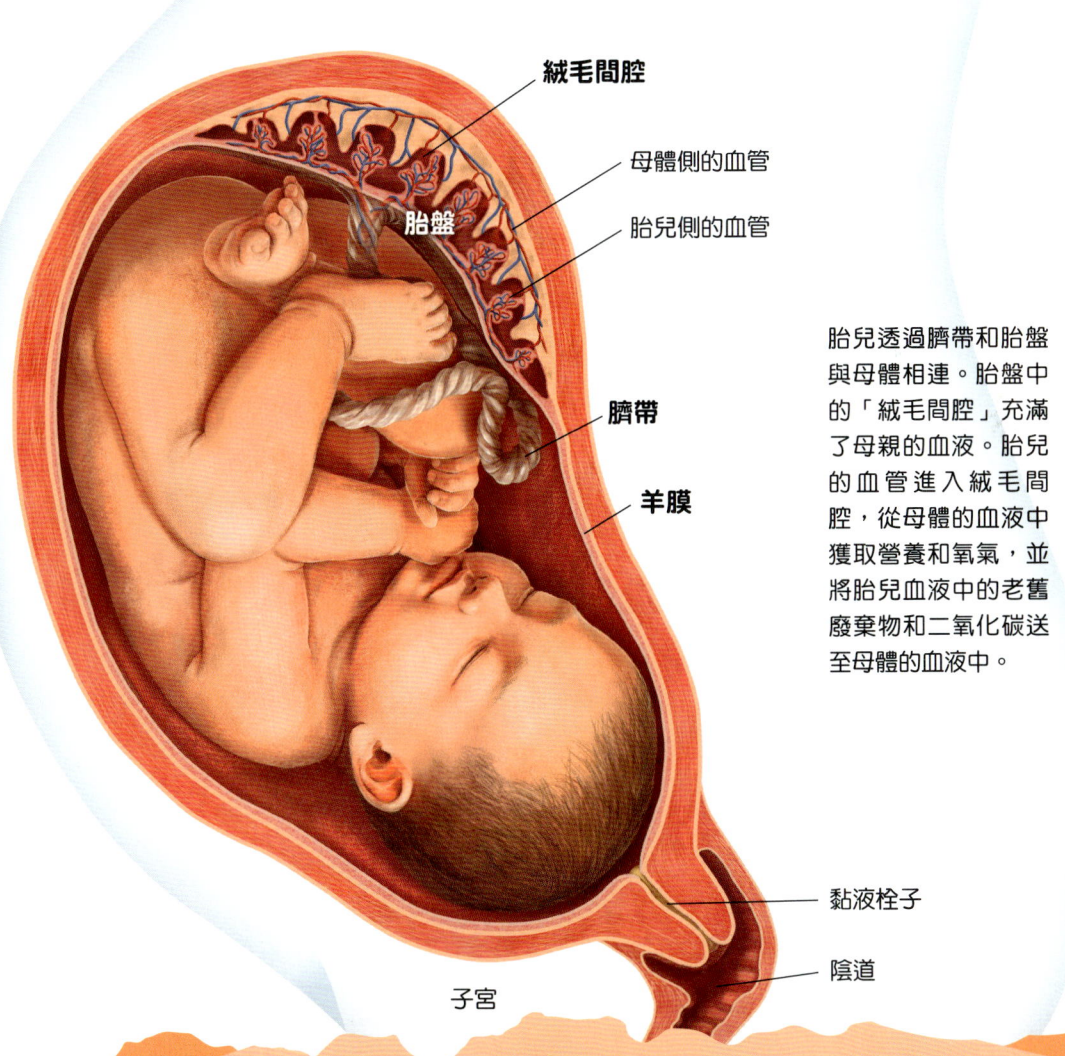

絨毛間腔

母體側的血管

胎兒側的血管

胎盤

臍帶

羊膜

胎兒透過臍帶和胎盤與母體相連。胎盤中的「絨毛間腔」充滿了母親的血液。胎兒的血管進入絨毛間腔，從母體的血液中獲取營養和氧氣，並將胎兒血液中的老舊廢棄物和二氧化碳送至母體的血液中。

黏液栓子

陰道

子宮

07 乳房演化是為了哺育嬰兒

　　進入青春期時，女性的乳房開始隆起。乳房內有「乳腺」，由製造母乳的「乳腺小葉」（乳腺泡）和將母乳輸送到乳頭的乳管所組成。

　　未懷孕女性的乳腺發育不完全，但在排卵後，隨著激素「黃體素」的分泌，乳腺泡會開始發育。下一次月經開始時，乳腺會恢復原狀。然而如果懷孕，乳腺會持續發育，接近臨產時就會開始分泌母乳。

　　此外，哺乳期間嬰兒吸吮乳頭的刺激會促使母親大腦釋放激素。「催乳素」會促進乳腺泡增加母乳產量，而「催產素」則使乳腺收縮，並將母乳擠出。同時，它也有助於讓懷孕期間擴大的子宮恢復原狀。

> **想知道更多**
> 乳腺是由分泌黏稠汗液的頂漿腺（→第41頁）演變而來的。

6 男性的身體與女性的身體

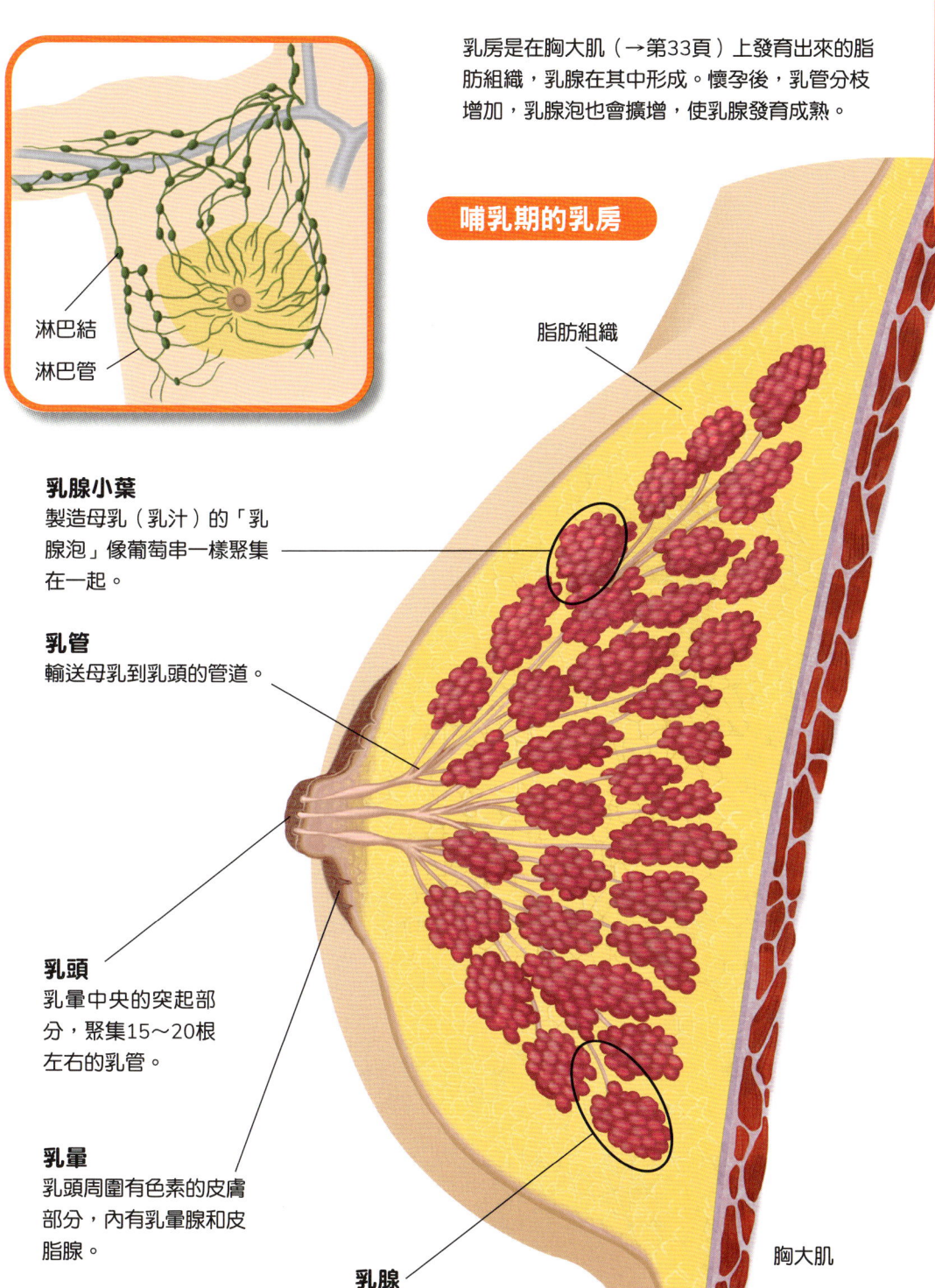

乳房是在胸大肌（→第33頁）上發育出來的脂肪組織，乳腺在其中形成。懷孕後，乳管分枝增加，乳腺泡也會擴增，使乳腺發育成熟。

哺乳期的乳房

淋巴結
淋巴管

脂肪組織

乳腺小葉
製造母乳（乳汁）的「乳腺泡」像葡萄串一樣聚集在一起。

乳管
輸送母乳到乳頭的管道。

乳頭
乳暈中央的突起部分，聚集15～20根左右的乳管。

乳暈
乳頭周圍有色素的皮膚部分，內有乳暈腺和皮脂腺。

乳腺

胸大肌

169

下課時間

兄弟姐妹之間只有部分相似的原因

精子和卵子各自攜帶著23條「染色體」，這些染色體記錄著我們身體的遺傳訊息。

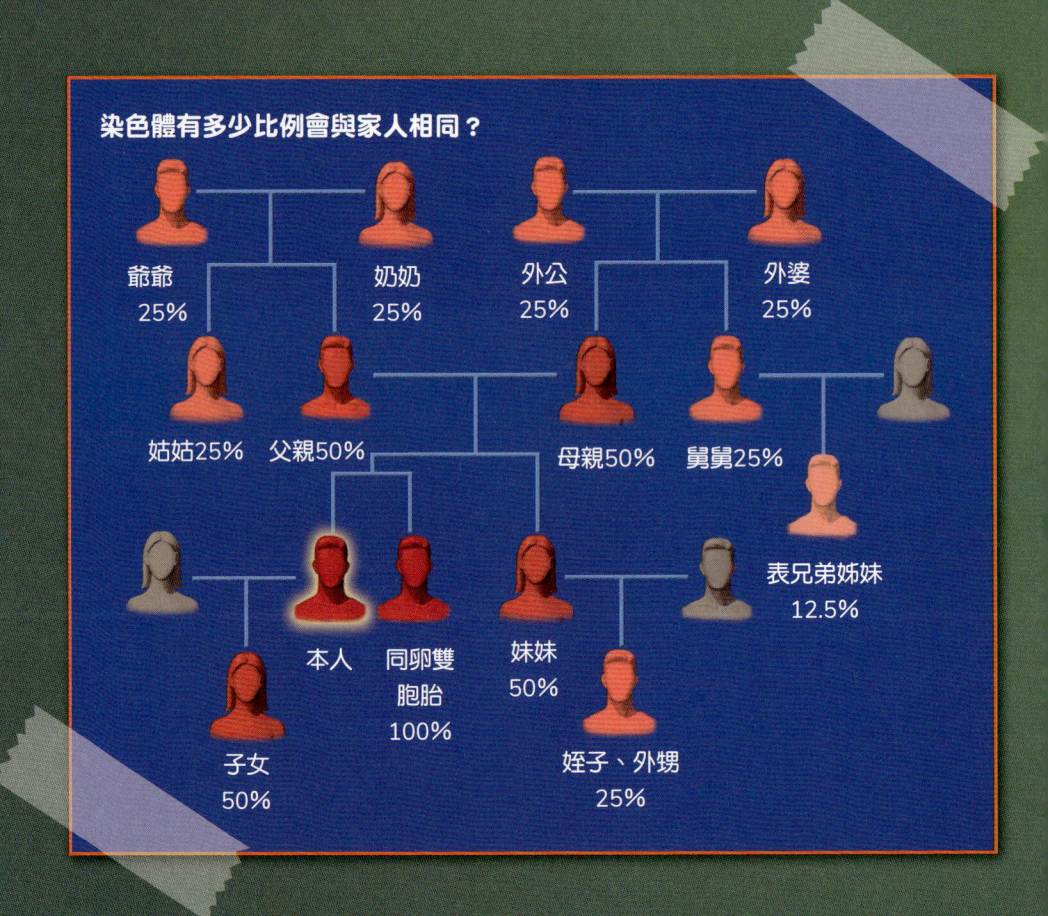

染色體有多少比例會與家人相同？

- 爺爺 25%
- 奶奶 25%
- 外公 25%
- 外婆 25%
- 姑姑 25%
- 父親 50%
- 母親 50%
- 舅舅 25%
- 表兄弟姊妹 12.5%
- 本人
- 同卵雙胞胎 100%
- 妹妹 50%
- 子女 50%
- 姪子、外甥 25%

當精子和卵子受精後，受精卵的染色體數量增至46條（23對）。換句話說，我們每個人的身體特徵，是從父親和母親身上各自繼承50%。

　另一方面，父親製造精子時，從爺爺和奶奶身上繼承的染色體會「重新組合」，形成23條新的染色體。由於每個精子的重組模式不同，因此同一位父親的不同孩子，染色體可能有部分相同或不同※。這就是為什麼兄弟姐妹之間只有部分相似的原因。

　順帶一提，同卵雙胞胎是從同一個受精卵發育而來，因此他們的染色體完全相同。

※ 如果平均計算，可以得出「50% 相同」的比例。

十二年國教課綱對照表

頁碼	單元名稱	階段/科目	《人體學校》十二年國教課綱學習內容架構表
020	人體約由200塊骨頭組成！	國小/健康 國中/健康	Da-III-2 身體主要器官的構造與功能。 Da-IV-2 身體各系統、器官的構造與功能。
022	保護重要部位的結實骨頭		
024	每年約有5分之1的骨骼會更新！		
026	脊髓與大腦一樣扮演著重要角色		
028	如果沒有神經，身體就無法協調？	國小/健康	Da-III-2 身體主要器官的構造與功能。
		國中/健康	Da-IV-2 身體各系統、器官的構造與功能。
		國中/生物	Dc-IV-1 人體的神經系統能察覺環境的變動並產生反應。
030	為什麼我們能用兩條腿走路呢？	國小/健康 國中/健康	Da-III-2 身體主要器官的構造與功能。 Da-IV-2 身體各系統、器官的構造與功能。
032	肌肉附著在骨骼上，形成身體的動作		
034	有3種不同功能的肌肉		
036	在一個動作中做出相反運動的肌肉		
040	成人的皮膚面積有整張榻榻米那麼大！	國小/健康 國中/健康 國中/生物	Da-III-2 身體主要器官的構造與功能。 Da-IV-2 身體各系統、器官的構造與功能。 Dc-IV-3 皮膚是人體的第一道防禦系統。
042	臉的顏色是由皮膚表面的微血管形成的		
044	「雞皮疙瘩」是為了保護身體免受寒冷		
046	保持體溫恆定是保護生命的重要手段	國中/生物	Dc-IV-4 人體會藉由各系統的協調，使體內所含的物質以及各種狀態能維持在一定範圍內。
048	指甲是皮膚的一部分硬化形成的	國小/健康 國中/健康	Da-III-2 身體主要器官的構造與功能。 Da-IV-2 身體各系統、器官的構造與功能。
050	毛髮和指甲同樣是皮膚的夥伴		
052	雖然不顯眼，但指紋是有用的！		
056	人體內的血管總長度相當於地球半徑	國小/健康 國中/健康 國中/生物	Da-III-2 身體主要器官的構造與功能。 Da-IV-2 身體各系統、器官的構造與功能。 Db-IV-2 動物體（以人體為例）的循環系統能將體內的物質運輸至各細胞處，並進行物質交換。並經由心跳、心音及脈搏的探測，以了解循環系統的運作情形。
058	血液循環中通往全身的動脈與返回心臟的靜脈		
060	在血液中發揮作用的明星		
062	紅血球、白血球和血小板都是由造血幹細胞製造的		
064	在肺部大顯身手的「葡萄串」	國小/健康 國中/健康 國中/生物	Da-III-2 身體主要器官的構造與功能。 Da-IV-2 身體各系統、器官的構造與功能。 Db-IV-3 動物體（以人體為例）藉由呼吸系統與外界交換氣體。
066	肺部本身無法吸入空氣		

068	血液在一分鐘內循環全身	國小 / 健康 國中 / 健康 國中 / 生物	Da- III -2 身體主要器官的構造與功能。 Da- IV -2 身體各系統、器官的構造與功能。 Db- IV -2 動物體（以人體為例）的循環系統能將體內的物質運輸至各細胞處，並進行物質交換。並經由心跳、心音及脈搏的探測，以了解循環系統的運作情形。
070	「撲通」是瓣膜開闔時發出的聲音		
072	免疫系統是保護身體的守衛隊！	國小 / 健康 國中 / 健康 國中 / 生物	Da- III -2 身體主要器官的構造與功能。 Da- IV -2 身體各系統、器官的構造與功能。 Dc- IV -3 皮膚是人體的第一道防禦系統，能阻止外來物，例如：細菌的侵入；而淋巴系統則可進一步產生免疫作用。
074	免疫細胞透過團隊合作與異物作戰		
076	免疫細胞在淋巴結中等待病原體的到來		
078	花粉症與免疫細胞有關係？！		
082	食物如果不弄碎，人體就無法吸收養分	國小 / 健康 國中 / 健康 國中 / 生物	Da- III -2 身體主要器官的構造與功能。 Da- IV -2 身體各系統、器官的構造與功能。 Db- IV -1 動物體（以人體為例）經由攝食、消化、吸收獲得所需的養分。
084	唾液的分泌量會因味道大幅改變		
086	食物透過類似「添水」的運作模式被送入喉嚨深處		
088	即使倒立，食道也會將食物送入胃中		
090	胃液是能將食物變黏稠的強力消化液		
092	十二指腸會分泌出兩種消化液		
094	胰臟中有重要的「島」		
096	小腸展開後可達 6～7 公尺長		
098	小腸表面積相當於一個網球場		
100	人體吸收的養分會送到哪裡？		
102	大腸的功能不單只是製造糞便！		
104	我們的腹部飼養著 1.5 公斤的細菌	國小 / 健康 國中 / 健康 國中 / 生物 國中 / 生物	Da- III -2 身體主要器官的構造與功能。 Da- IV -2 身體各系統、器官的構造與功能。 Db- IV -1 動物體（以人體為例）經由攝食、消化、吸收獲得所需的養分。 Gc- IV -3 人的體內有許多微生物，有些微生物對人體有利，有些則有害。
106	米飯和麵包在我們體內會經歷什麼樣的旅程？	國小 / 健康 國中 / 健康 國中 / 生物	Da- III -2 身體主要器官的構造與功能。 Da- IV -2 身體各系統、器官的構造與功能。 Db- IV -1 動物體（以人體為例）經由攝食、消化、吸收獲得所需的養分。
108	當我們吃肉或蛋……攝取油或奶油時會發生什麼事？		
110	胃會被溶解嗎？		

173

112	腦雖然很小，卻消耗大量能量	國小 / 健康 國中 / 健康 國中 / 生物	Da- III -2 身體主要器官的構造與功能。 Da- IV -2 身體各系統、器官的構造與功能。 Dc- IV -1 人體的神經系統能察覺環境的變動並產生反應。
114	大腦皮質上的皺褶是硬塞造成的		
118	人類為什麼能夠進行語言交流？		
120	腦暗中維持身體環境的穩定		
122	自律神經有時也會失去平衡		
124	與自律神經合作的激素		
126	腦讓我們能有「另一個胃」享用甜點		
128	腦袋越大、越重的人越聰明嗎？		
130	頭痛是如何發生的？		
132	我們是透過大腦看見和聽到的		
134	眼睛構造就像數位相機一樣		
136	「紅蘋果」是否真的存在？		
138	在視網膜上形成的影像會上下左右顛倒		
140	聲音的本質是空氣的波動		
142	耳朵接收的不單只是聲音！		
144	人類能夠分辨數十萬種氣味		
146	感知氣味的受體大約有 400 種		
148	我們的舌頭能在瞬間判斷是「營養」還是「毒素」		
150	大腦結合各種訊息形成味覺		
152	疼痛和觸感也是由大腦形成的嗎？		
154	腦裡面有人存在嗎？		
156	腎臟過濾血液中不需要的物質製造尿液	國小 / 健康 國中 / 健康	Da- III -2 身體主要器官的構造與功能。 Da- IV -2 身體各系統、器官的構造與功能。
158	膀胱儲存的尿液約為 500 毫升		
160	男性幾乎每天製造出 1 億個精子	國小 / 健康 國中 / 健康 國中 / 健康 國中 / 生物	Da- III -2 身體主要器官的構造與功能。 Da- IV -2 身體各系統、器官的構造與功能。 Db- IV -1 生殖器官的構造、功能。 Db- IV -4 生殖系統（以人體為例）能產生配子進行有性生殖，並且有分泌激素的功能。
162	卵子可受精的時間約為「排卵」後的 24 小時內		
164	能受精的只有經過選擇的精子！		
166	受精約 9 個月後會誕生新生命		
168	乳房演化是為了哺育嬰兒		
170	兄弟姐妹之間只有部分相似的原因	國中 / 生物	Ga- IV -4 遺傳物質會發生變異，其變異可能造成性狀的改變，若變異發生在生殖細胞可遺傳到後代。

Photograph

38	Alina Rosanova/stock.adobe.com
45	LFRabanedo/stock.adobe.com
52	Alizada Studios/stock.adobe.com，Vadim/stock.adobe.com
53	ch.krueger/stock.adobe.com，Inspir8tion/stock.adobe.com，Hans und Christa Ede/stock.adobe.com，yvonne/stock.adobe.com
127	lalalululala/stock.adobe.com
128	（OHA184.06.001.002.00001.00008）．OHA 184.06 Harvey Collection. Otis Historical Archives, National Museum of Health and Medicine.
129	（OHA184.06.001.002.00001.00012）．OHA 184.06 Harvey Collection. Otis Historical Archives, National Museum of Health and Medicine.
149	tumskaia/stock.adobe.com，河村宏一/stock.adobe.com

Illustration

◇キャラクターデザイン　宮川愛理

10-17	Newton Press
18	Newton Press，SciePro/stock.adobe.com
21	Newton Press [※を加筆改変]
23	Newton Press
24-25	黒瀧清桐
27-31	Newton Press
33	Newton Press [※を加筆改変]
34-41	Newton Press
43	Newton Press，Curut Design Store/stock.adobe.com
45-49	Newton Press，（46）logistock/stock.adobe.com，（49）TWINS DESIGN STUDIO/stock.adobe.com
50-54	Newton Press，（50）Vignette/stock.adobe.com，（54）hidamari/stock.adobe.com
57	Newton Press [※を加筆改変]
59	小林 稔
60-71	Newton Press，（64）Alody/stock.adobe.com，（67）photoplotnikov/stock.adobe.com，（70）StockVector/stock.adobe.com
72-73	月本事務所（AD：月本佳代美，3D監修：田内かほり），（72）TWINS DESIGN STUDIO/stock.adobe.com
75-85	Newton Press，（78）UKAR/stock.adobe.com
86-87	木下真一郎，（86）futoshi mayuga 眉賀太志/stock.adobe.com
89	Newton Press
91	奥本裕志
92-93	Newton Press
94-95	Olha/stock.adobe.com
97	Newton Press [※を加筆改変]
98-103	Newton Press，（98）Svetlana Bondarenko/stock.adobe.com，（102）valvectors/stock.adobe.com
104-105	Newton Press（PDB ID：2Q9SをもとにePMV（Johnson, G.T. and Autin, L., Goodsell, D.S., Sanner, M.F., Olson, A.J.（2011）. ePMV Embeds Molecular Modeling into Professional Animation Software Environments. Structure 19, 293-303）を使用して作成），（104）valeriyabtsk/stock.adobe.com
106-109	Newton Press，（106）awazi/stock.adobe.com
110	奥本裕志
113-125	Newton Press，（114）topvectors/stock.adobe.com，（122）ふわぷか/stock.adobe.com・SENRYU/stock.adobe.com
126	yotto/stock.adobe.com
128	metsafile/stock.adobe.com
130	（クッション）Mykola Syvak/stock.adobe.com，（水）emma/stock.adobe.com
132-141	Newton Press，（132）elena_garder/stock.adobe.com，（133）MicroOne/stock.adobe.com，djvstock/stock.adobe.com，（134）Vectors Market/stock.adobe.com，（136）evgeniya_m/stock.adobe.com，（138）Comauthor/stock.adobe.com，（140）logistock/stock.adobe.com
142-143	Newton Press，木下真一郎
144-149	Newton Press，（144）Miyuki Omori/stock.adobe.com，（146）tunaco/stock.adobe.com，（149）StockVector/stock.adobe.com
151	Newton Press，木下真一郎
152-167	Newton Press，（152）yugoro/stock.adobe.com，（160）Larysa/stock.adobe.com，（162）Colorfuel Studio/stock.adobe.com（166）Colorfuel Studio/stock.adobe.com
168-169	黒瀧清桐
170	Newton Press
175	tsuneomp/stock.adobe.com

※BodyParts3D, Copyright© 2008 ライフサイエンス統合データベースセンター licensed by CC表示 - 継承2.1 日本

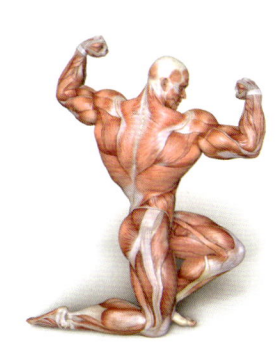

國家圖書館出版品預行編目(CIP)資料

人體學校 / 日本Newton Press作；邱顯惠翻譯. --
第一版. -- 新北市：人人出版股份有限公司, 2025.01
　　面；　　公分. -- (兒童伽利略；4)
ISBN 978-986-461-419-6 (平裝)

1.CST: 人體生理學　2.CST: 通俗作品

397　　　　　　　　　　　　　　113017916

兒童伽利略 ❹

人體學校

作者／日本Newton Press

翻譯／邱顯惠

審訂／王存立

發行人／周元白

出版者／人人出版股份有限公司

地址／231028新北市新店區寶橋路235巷6弄6號7樓

電話／(02)2918-3366（代表號）

傳真／(02)2914-0000

網址／www.jjp.com.tw

郵政劃撥帳號／16402311人人出版股份有限公司

製版印刷／長城製版印刷股份有限公司

電話／(02)2918-3366（代表號）

香港經銷商／一代匯集

電話／（852）2783-8102

第一版第一刷／2025年1月

定價／新台幣400元

港幣133元

NEWTON KAGAKU NO GAKKO SERIES JINTAI NO GAKKO
Copyright © Newton Press 2023
Chinese translation rights in complex characters arranged with
Newton Press
through Japan UNI Agency, Inc., Tokyo
www.newtonpress.co.jp

●著作權所有　翻印必究●